畜禽养殖与疾病防治丛书

图说绒山羊养殖

新技术

关 超 王志武 主编

U0322057

中国农业科学技术出版社

图书在版编目（CIP）数据

图说绒山羊养殖新技术/关超，王志武主编． —北京：
中国农业科学技术出版社，2012.9
ISBN 978-7-5116-0794-2

Ⅰ.①图… Ⅱ.①关… ②王… Ⅲ.①山羊：毛用羊 –
饲养管理 – 图解 Ⅳ.①S827.9–64

中国版本图书馆CIP数据核字(2012)第006481号

责任编辑　贺可香　张孝安
责任校对　贾晓红　郭苗苗

出 版 者　中国农业科学技术出版社
　　　　　北京市中关村南大街12号　　　邮编：100081
电　　话　(010)82109708（编辑室）　(010)82109704（发行部）
　　　　　(010)82109709（读者服务部）
传　　真　(010)82109708
网　　址　http://www.castp.cn
经 销 者　各地新华书店
印 刷 者　北京富泰印刷有限责任公司
开　　本　787 mm ×1 092 mm　1/16
印　　张　10
字　　数　147千字
版　　次　2012年9月第1版　2013 年 8 月第 6 次印刷
定　　价　26.00元

畜禽养殖与疾病防治丛书

编委会

主　　编：王福传

编 委 会：杨效民　　张玉换　　李文刚　　丁馥香

　　　　　王志武　　段文龙　　巩忠福　　关　超

　　　　　武守艳　　薛俊龙　　张爱莲　　王彩先

　　　　　段栋梁　　尹子敬

图说绒山羊养殖新技术

编写人员

主　　编：关　超　　王志武

副 主 编：张　钧

编写人员：孙建钢　　孙锐锋　　陈　泽

　　　　　田　晖　　王志俊

前　言

——畜禽养殖与疾病防治丛书

　　近十几年，我国畜禽养殖业迅猛发展，畜禽养殖业已成为我国农业的支柱产业之一。其产值占农业总产值的比例也在逐年攀升，连续20年平均年递增9.9%，产值增长近5倍，达到4 000亿元，占到农业总产值的1/3之多。同时，人们的生活水平不断提高，饮食结构也在不断改善。随着现代畜牧业的发展，畜禽养殖已逐步走上规模化、产业化的道路，业已成为农、牧业从业者增加收入的重要来源之一。但目前在畜禽养殖中还存在良种普及率低、养殖方法不科学、疫病防治相对滞后等问题，这在一定程度上制约了畜牧业的发展。与世界许多发达国家相比，我国的饲养管理、疫病防治水平还存在着一定的差距。存在差距，就意味着我国的整体饲养管理水平和疾病防控水平还需进一步提高。

　　针对目前养殖生产中常见的一些饲养管理和疫病防控问题，中国农业科学技术出版社组织了一批该领域的专家学者，结合当今世界在畜禽养殖方面的技术突破，集中编写了全套13册的"畜禽养殖与疾病防治"丛书，其中，养殖技术类8册，疫病防控类5册，分别为《图说家兔养殖新技术》《图说养猪新技术》《图说肉牛养殖新技术》《图说奶牛养殖新技术》《图说绒山羊养殖新技术》《图说肉羊养殖新技术》《图说肉鸡养殖新技术》《图说蛋鸡养殖新技术》《图说猪病防治新技术》《图说羊病防治新技术》《图说兔病防治新技术》《图说牛病防治新技术》和《图说鸡病防治新技术》，分类翔实地介绍了不同畜禽在饲养管理各方面最新技术的应用，帮助大家把因疾病造成的损失降低到最低限度。

本丛书从现代畜禽养殖实际需要出发，按照各种畜禽生产环节和生产规律逐一编写。参与编撰的人员皆是专业研究部门的专家、学者，有丰富的研究数据和实验依据，这使得本丛书在科学性和可操作性上得到了充分的保障。在图书的编排上本丛书采用图文并茂形式，语言通俗易懂，力求简明操作，极有参阅价值。

本丛书不但可以作为高职高专畜牧兽医专业的教学用书，也适用于专业畜牧饲养、畜牧繁殖、兽医等职业培训，也可作为养殖业主、基层兽医工作者的参考及自学用书。

编　者

2012 年 9 月

图说绒山羊养殖新技术

第一章　中国绒山羊发展的概况 ················· 1
　第一节　中国绒山羊发展概况 ················· 1
　第二节　中国绒山羊业今后发展的思考 ················· 3
　第三节　振兴中国绒山羊产业的建议 ················· 4

第二章　羊舍的基础设施及建筑设计 ················· 7
　第一节　羊舍的建筑方法与基本原则 ················· 7
　　一、羊舍设计建筑的方法 ················· 7
　　二、羊舍设计的基本原则 ················· 8
　第二节　羊舍建筑的要求及羊舍类型 ················· 9
　　一、羊舍建筑的要求 ················· 9
　　二、羊舍类型 ················· 10
　第三节　舍饲养羊主要设备 ················· 14
　　一、饲槽、水槽 ················· 14
　　二、饲草架 ················· 14
　　三、分羊栏 ················· 15
　　四、活动围栏 ················· 15
　　五、栏杆与颈夹 ················· 15
　　六、药浴设备 ················· 15
　　七、青贮设备 ················· 16
　　八、饲料库和草棚 ················· 17
　　九、饲草、饲料加工设备 ················· 17
　　十、牧场、羊舍及设备参数 ················· 19

第四节　羊场的环境调控技术 ⋯⋯⋯⋯⋯⋯⋯⋯⋯⋯⋯⋯⋯20
　　一、羊舍环境控制 ⋯⋯⋯⋯⋯⋯⋯⋯⋯⋯⋯⋯⋯⋯⋯⋯20
　　二、羊场环境的监控和净化 ⋯⋯⋯⋯⋯⋯⋯⋯⋯⋯⋯⋯22

第三章　绒山羊的主要品种 ⋯⋯⋯⋯⋯⋯⋯⋯⋯⋯⋯⋯⋯25
第一节　国内主要绒山羊品种 ⋯⋯⋯⋯⋯⋯⋯⋯⋯⋯⋯⋯25
　　一、辽宁绒山羊 ⋯⋯⋯⋯⋯⋯⋯⋯⋯⋯⋯⋯⋯⋯⋯⋯25
　　二、内蒙古绒山羊 ⋯⋯⋯⋯⋯⋯⋯⋯⋯⋯⋯⋯⋯⋯⋯27
　　三、河西绒山羊 ⋯⋯⋯⋯⋯⋯⋯⋯⋯⋯⋯⋯⋯⋯⋯⋯29
　　四、乌珠穆沁白绒山羊 ⋯⋯⋯⋯⋯⋯⋯⋯⋯⋯⋯⋯⋯30
　　五、罕山白绒山羊 ⋯⋯⋯⋯⋯⋯⋯⋯⋯⋯⋯⋯⋯⋯⋯31
　　六、新疆山羊 ⋯⋯⋯⋯⋯⋯⋯⋯⋯⋯⋯⋯⋯⋯⋯⋯⋯32
　　七、新疆白绒山羊 ⋯⋯⋯⋯⋯⋯⋯⋯⋯⋯⋯⋯⋯⋯⋯34
　　八、太行山羊 ⋯⋯⋯⋯⋯⋯⋯⋯⋯⋯⋯⋯⋯⋯⋯⋯⋯35
　　九、子午岭黑山羊 ⋯⋯⋯⋯⋯⋯⋯⋯⋯⋯⋯⋯⋯⋯⋯37
　　十、沂蒙黑山羊 ⋯⋯⋯⋯⋯⋯⋯⋯⋯⋯⋯⋯⋯⋯⋯⋯38
　　十一、牙山黑绒山羊 ⋯⋯⋯⋯⋯⋯⋯⋯⋯⋯⋯⋯⋯⋯39
　　十二、西藏山羊 ⋯⋯⋯⋯⋯⋯⋯⋯⋯⋯⋯⋯⋯⋯⋯⋯40
　　十三、中卫山羊 ⋯⋯⋯⋯⋯⋯⋯⋯⋯⋯⋯⋯⋯⋯⋯⋯41
　　十四、吕梁黑山羊 ⋯⋯⋯⋯⋯⋯⋯⋯⋯⋯⋯⋯⋯⋯⋯43
　　十五、济宁青山羊 ⋯⋯⋯⋯⋯⋯⋯⋯⋯⋯⋯⋯⋯⋯⋯45
　　十六、阳城白山羊 ⋯⋯⋯⋯⋯⋯⋯⋯⋯⋯⋯⋯⋯⋯⋯46
第二节　国外主要绒山羊品种 ⋯⋯⋯⋯⋯⋯⋯⋯⋯⋯⋯⋯48
　　一、奥伦堡山羊 ⋯⋯⋯⋯⋯⋯⋯⋯⋯⋯⋯⋯⋯⋯⋯⋯48
　　二、顿河山羊 ⋯⋯⋯⋯⋯⋯⋯⋯⋯⋯⋯⋯⋯⋯⋯⋯⋯48
　　三、阿尔泰山地山羊 ⋯⋯⋯⋯⋯⋯⋯⋯⋯⋯⋯⋯⋯⋯49

第四章　绒山羊的饲料生产与加工 ⋯⋯⋯⋯⋯⋯⋯⋯⋯50
第一节　绒山羊的营养需要 ⋯⋯⋯⋯⋯⋯⋯⋯⋯⋯⋯⋯⋯50
　　一、绒山羊的消化机能特点 ⋯⋯⋯⋯⋯⋯⋯⋯⋯⋯⋯50

二、绒山羊所需的营养物质 ……………………………51

三、绒山羊的营养需要 …………………………………53

第二节　绒山羊的饲料 …………………………………56

一、青绿饲料 ……………………………………………56

二、粗饲料 ………………………………………………57

三、多汁饲料 ……………………………………………57

四、精饲料 ………………………………………………57

五、动物性饲料 …………………………………………57

六、无机盐及其他饲料 …………………………………58

七、非蛋白氮饲料 ………………………………………58

八、维生素饲料 …………………………………………58

九、添加剂饲料 …………………………………………58

第三节　饲料的营养 ……………………………………58

一、饲料的一般成分与营养特性 ………………………58

二、各类饲料的营养特性 ………………………………59

第四节　绒山羊饲料的加工、贮存与饲喂 ……………73

一、精饲料的加工利用 …………………………………73

二、青饲料的加工利用 …………………………………76

三、牧草饲料的加工利用 ………………………………76

四、绒山羊秸秆饲料的加工配制 ………………………76

五、青贮饲料的制作技术 ………………………………79

六、微干贮饲料的加工方法 ……………………………82

第五节　绒山羊日粮配合 ………………………………83

一、日粮配合的一般原则 ………………………………84

二、日粮配合的依据 ……………………………………84

三、日粮配合方法与步骤 ………………………………88

第六节　牧草栽培与生产技术 …………………………90

一、栽培牧草品种的选择 ………………………………90

二、常见牧草的种植利用技术 ………………………………………… 92

第五章　绒山羊的饲养管理技术 ……………………………………… 99

　第一节　生活习性 ……………………………………………………… 99

　　一、活泼好动喜登高 …………………………………………………… 99

　　二、胆大易调教 ………………………………………………………… 99

　　三、胃肠发达，采食性大 ……………………………………………… 99

　　四、合群性强 …………………………………………………………… 99

　　五、喜居干燥，厌恶潮湿 ……………………………………………… 99

　　六、适应性与抗病力强 ………………………………………………… 100

　　七、采食力强 …………………………………………………………… 100

　第二节　一般管理技术 ………………………………………………… 100

　　一、编号 ………………………………………………………………… 100

　　二、去势 ………………………………………………………………… 101

　　三、去角 ………………………………………………………………… 101

　　四、修蹄 ………………………………………………………………… 102

　　五、药浴 ………………………………………………………………… 103

　　六、驱虫 ………………………………………………………………… 104

　　七、梳绒 ………………………………………………………………… 105

　第三节　绒山羊的饲养管理技术 ……………………………………… 105

　　一、舍饲绒山羊管理的技术要点 ……………………………………… 105

　　二、公羊的饲养管理技术 ……………………………………………… 106

　　三、母羊的饲养管理技术 ……………………………………………… 108

　　四、羔羊饲养管理技术 ………………………………………………… 110

　　五、育成羊的饲养管理技术 …………………………………………… 112

　第四节　绒山羊的繁殖技术 …………………………………………… 113

　　一、发情生理和发情鉴定 ……………………………………………… 113

　　二、配种时间和配种方法 ……………………………………………… 114

　　三、人工授精 …………………………………………………………… 114

四、新技术在羊繁殖中的应用 …………………………… 118

五、山羊的产羔和育羔技术 ……………………………… 123

第五节 绒山羊的选育 ………………………………… 127

一、选种 ……………………………………………… 127

二、选配 ……………………………………………… 129

三、繁育方法 ………………………………………… 130

第六章 羊绒生产技术 ………………………………… 131

第一节 山羊绒的结构 ………………………………… 131

一、组织结构 ………………………………………… 131

二、化学结构 ………………………………………… 132

三、物理性能 ………………………………………… 132

第二节 山羊绒的生长机制及等级 …………………… 132

一、山羊绒季节的生长规律 ………………………… 132

二、山羊绒的等级 …………………………………… 133

三、无毛绒的等级 …………………………………… 133

四、残次羊绒的识别 ………………………………… 134

第三节 提高产绒量的主要措施及绒毛保存 ………… 134

一、影响产绒量的主要因素 ………………………… 134

二、提高产绒量的技术措施 ………………………… 135

三、绒毛的保存技术 ………………………………… 137

附录一 羊的生理指标 ………………………………… 139

附录二 中华人民共和国农业行业标准无公害食品

畜禽饮用水水质 NY 5027-2001 ………………… 140

参考文献 ……………………………………………… 145

第一章 中国绒山羊发展的概况

养羊业与国民经济的发展和各族人民生活水平的提高关系十分密切，特别是近十年来，中国养羊业发展迅速、成就显著，在国民经济中的比重日益增加，但要与养羊业发达的国家相比，品种优良化、产品品质、配套设施和经济效益的差距仍然很大。本章通过对国内外养羊业的发展概况和特点仔细分析，探讨中国绒山羊养殖的发展和需要解决的问题。

第一节 中国绒山羊发展概况

山羊在世界上分布最为广泛，北纬35°~55°，东经5°~120°间的169个国家都有山羊。其中分布最多的是亚洲和非洲，亚洲占57%，非洲占32%。在亚洲的中国、蒙古、伊朗、印度、阿富汗、巴基斯坦和地跨欧亚大陆的前苏联。山羊主要是用来产绒和产肉；欧洲、非洲和中东地区的山羊主要用来产奶和产肉。

目前，全世界羊绒产量约为1.6万吨，主要来源于中国、蒙古、伊朗、印度、原苏联、巴基斯坦和阿尔巴尼亚。澳大利亚和新西兰两个国家的羊绒产量加起来不足100吨。在世界绒山羊中，中国和蒙古的绒山羊所产羊绒最细，为13~16微米；原苏联的绒山羊所产羊绒最粗，达18~19微米。其余国家的介于中间。中国的绒山羊以产白色绒为主，而其他国家的绒山羊则生产出相当数量的紫绒。意大利、英国、美国和日本等国是羊绒的主要加工国，全球25%的羊绒产品是在意大利生产的。

中国饲养山羊的历史悠久，但山羊事业的真正发展主要是改革开放以后。在各级政府的领导下，经过广大畜牧科技工作者努力，中国的山羊事业得到了长足的发展。到目前为止，已培育出山羊品种27个，包括绒用、毛用、奶用、肉用、羔皮、裘皮、笔料7个方面的用途。其中，可用于产绒的品种达14个。中国绒山羊的发展有较长的历史，其产品早就享誉国内外，但发展比较缓慢。直到20世纪80年代初期，中国绒山羊才得以迅速发展。中国绒山羊主要分布在北纬35°以北的黄河流域、青藏高原、蒙新高原及黄淮海部分地区，而青海和四川两省绒山羊饲养区向南延伸到北纬32°。西藏自治区则向南延伸到北纬27°。具体分布的地方是内蒙古自治区、新疆维吾尔自治区、西藏自治区、青海省、甘肃省、宁夏回族自治区、山西省、河北省、陕西省、山东省和辽宁省。1996年末全国有山羊总数17 068万只，其中可产绒的山羊约为5 000万只，山羊的数量、山羊绒产量、羊肉产量、羊皮产量都居世界第一位。山羊发展最快的时期是1985～1995年。在这10年当中，山羊数量增加6 167万只，羊绒产量增加6 896吨，分别增长56.6%和2.2倍。据统计，1999年全国山羊绒产量为9 971吨，共出口羊绒5 185吨，占全国总产量的52%，占世界贸易量的60%。出口羊绒及羊绒制品共创汇3.4亿美元。目前，中国羊绒总产量为9 000～10 000吨，约占世界羊绒总产量的50%，中国生产的羊绒对振兴中国农村经济、开创外汇和增加农民收入做出了巨大贡献。特别是内蒙古阿尔巴斯白绒山羊，西藏最近正在选育的藏北白绒山羊，绒纤维细度均在14微米以下，达到了国际精纺的要求，以其优良的质量著称于世，而辽宁绒山羊是山羊绒产量最高的佼佼者，具有稳定的高产遗传能力。但是随着世界羊绒产业深加工工艺改革兴起，各国绒纺工业对羊绒细度的要求日益精细，超细型羊绒绒纤维细度要求在13微米以下。同时中国已加入WTO，国内市场与国外市场的接轨，实现了贸易自由化，改变了中国羊绒产业处于劣势的局面，使中国的绒纺工业具有较强的国际竞争力，扩大了国内外市场对羊绒的需求。

中国绒山羊品种资源丰富，近三十年来，中国绒山羊品种由辽宁绒山羊、内蒙古白绒山羊发展为近30个品种。另外，还通过对一些生产性能比较好的地方品种，进行多元育成杂交、择优横交和近交等方法培育出了一大批杂交改良品种，如陇东白绒山羊就是以陇东黑山羊为母本、辽宁绒山羊为父本的杂交选育的新品种。

中国成年公羊产绒量平均为382.99克、母羊为331.41克，其中产绒量高的辽宁绒山羊成年公羊为680克、母羊为520克；成年公羊的绒细度平均为

14.85微米、母羊为14.02微米，山羊绒的品质是绒山羊遗传资源所表达的最重要的种质特性。与世界各国生产的山羊绒相比，中国羊绒与蒙古羊绒均为细而均匀的优质绒。中国大部分原绒中细度为25~52.5微米的两型毛较少，这有利于分梳加工中除去粗刚毛。在自然状态下，中国山羊绒的绒层厚度为3~7厘米，伸直长度为4.0~9.0厘米（多数为4.5~6.5厘米）。山羊绒颜色有白、紫、青、红4类，其中白绒最珍贵，仅占世界羊绒产量的30%左右，原来中国山羊绒中白绒占40%，紫绒约占55%，青绒和红绒只占5%。近年各地都引入纯白绒山羊改良本地山羊，估计全国白绒比例还会增加，但到目前尚无确切统计。不同颜色山羊绒的物理性状也不同。

第二节　中国绒山羊业今后发展的思考

中国绒山羊是山羊中很特殊的资源，它们是中国本土所固有的，是在比较严酷的干旱、半干旱、荒漠、半荒漠地区非集约化放牧条件下，在自然选择和人工选择长期作用下形成的。近三十年来，中国绒山羊品种由辽宁绒山羊、内蒙古白绒山羊发展为近30个品种，饲养绒山羊的省（区）和数量也得到大力发展，但良种的改良不足50%，羊绒综合品质尚不理想（如羊绒的细度，净绒率等）。近年来，羊绒将有变粗的趋势，优质高产绒山羊种羊缺乏，又由于绒山羊比绵羊更耐粗饲，粗放管理，所处的饲养环境较恶劣，并相对加剧了草原的退化、沙化，致使绒山羊的发展受到自然生态环境的制约，可持续发展受到较大限制。

1. 绒山羊的总体生产力水平低

中国绒山羊产量居世界第一，但个体平均产绒量不高，平均为150~160克，不同品种及同一品种不同个体间产绒量差距较大，如内蒙古白绒山羊，优良群体平均产绒量600克以上，产绒量是普通山羊的3倍多，并且有些非常优良个体产绒量在1千克以上。

2. 优种羊缺乏

种羊市场不规范，品质不纯，劣质羊做种、杂交、滥交的现象严重。中国饲养的品种多是本地品种，改良羊的数量不足 50%，本地羊生产性能低，产品质量差，饲料消耗大，经济效益不高，严重影响到高效养殖的发展。目前，农村种羊基地基本上没有经过专门的技术鉴定，也没有专门的绒山羊交易市场，绒山羊及羊绒买卖极不规范，价格、质量欺诈、无序经营现象时有发生，冷冻精液人工授精技术还没有大面积普及。另外优种羊价格偏高，部分农户难以承受也成为绒山羊发展的问题。

3. 饲养问题

好的品种没有得到好的饲养方法，良种的生产性能没有充分发挥，效益不高。中国的地方品种适应性强，耐粗饲，而引进的品种生产性能好，但对饲养环境和生存环境的要求也较高。中国多数地区的养羊业仍处于传统畜牧业的放牧加补饲，大小公母混群饲养，舍饲羊以秸秆为主，精饲料以玉米为主，营养不均衡，饲料转化率低，出栏周期长的粗放状态。要想发挥其优良的生产性能，我们必须为其提供适宜生存的环境，否则，生产性能难以发挥，抗病力降低，各种疾病相继发生，有的甚至危及生命。

4. 养殖规模和养殖标准问题

有些投资者在养殖规模上有较大的盲目性，追求高标准的舍饲，固定资产投资过大，回报率低。养殖规模的大小一定要根据自己的经济实力、饲养的品种、饲草、饲料条件、管理水平等综合考虑，不要盲目扩大规模，发展数量。

5. 舍饲养羊与生态环境保护问题

生态环境需要保护，限制了放牧养羊。封山禁牧、退耕还林的政策对绒山羊的养殖有一定的影响。实施舍饲养羊，无论对品种还是对饲养条件都有较高的要求，同时饲养成本增加，极大地丧失了绒山羊的区域优势，影响到养羊业的经济效益，对绒山羊产业冲击很大。

第三节　振兴中国绒山羊产业的建议

羊绒是世界上的稀有资源，绒山羊在全世界的分布数量是极其有限的，大多数发达国家由于土壤植被保护政策非常严格，加上没有这样高产的优质的绒山羊品种，导致饲养的绒山羊数量非常少；同时由于其经济较发达，对羊绒纺织品的需求数量比较多，以后随着经济状况的好转会有越来越多的国家和人们选择羊绒纺织用品。因此，羊价和绒价的下跌只是暂时的，不可能持续很长时间。也正因如此，只有坚定养殖绒山羊的信心，才能在市场行情好转后获得较高的经济效益。

（一）大力推进养羊业优势基地建设

在绒山羊发展方面，绒山羊具有比其他家畜更强的对恶劣环境的抗应激能力，它们对低质草场利用能力强，适应在各种草场上放牧生产出人类需要的产品，在全球气候变化的形势下，这种强大的适应性对未来山羊品种的改良有着重要价值。要以中国绒山羊生产区为重点区域，从稳定生产和减轻草地压力的角度出发，控制绒用山羊数量，提高单产和品质，满足国内市场需要，积极扩大出口，维护中国绒山羊及山羊绒在国际上的领先地位。

（二）加快发展优质细毛羊

为了适应形势变化的要求，要加快发展优质细毛羊，特别是细度在19微米以下的超细型羊毛。统一标准以66 S为基数鉴定组群，以70 S以上的公羊群体进行群体选育，推广暖棚、配合饲料、三贮一化技术，保证常年均衡营养，促进羊毛品质的尽快提高。

（三）以本品种选育为主，必要时开展杂交改良与选育

中国具有丰富的绒山羊品种资源，对于这些品种应有计划地开展本品种选育，努力提高其生产性能，不断改善产品品质，反对盲目引用别的羊进行改良。在进行杂交改良时，也应有针对性地引进外来品种进行改良，在引进公羊时，应选择绒量高、绒纤维密度大、长度长、细度低和体重大的个体来改良那些性状差的品种，同时抓好选种选配，对种公羊约3年更换1次，防止近亲退化。

（四）科学养殖，遵循市场规律

目前中国羊绒市场比较混乱，价格不稳定，质量不统一，掺假现象时有发生，倡导"多户养，户少养"，加大科学养殖的宣传力度，遵循市场规律，科学开发生产性能，使广大养殖户对绒山羊养殖可以从科学的角度全面考虑，舍饲圈养，少养精养控制数量，维护中国山羊绒在国内外市场的良好

信誉，避免价格的大起大落，使山羊绒业健康有序发展。

（五）舍饲养殖势在必行

随着科技发展、社会进步和人们生态环境保护意识的增强，以自然放牧为主的传统畜牧业已无法满足现代社会发展的需求，必将在生产实践中被逐步淘汰，大部分养殖户，对舍饲圈养方式经验不足，这就要求农牧部门对他们进行培训，使他们尽快地从散养方式转向舍饲圈养上来，对饲草饲料进行科学配方，以促进绒山羊个体绒毛的品质和产量的提高。在坚持项目扶持的基础上，一方面建立繁育改良基地，引进培育优质公羊；另一方面，推广冷冻精液技术，走规模化发展之路规范绒山羊繁育体系，最终走上优质高效畜牧业的发展路子。实行禁牧舍饲是改善生态环境的首要前提，草原资源既是构成生态系统的主体，也是目前遭受破坏最严重的生态要素，实施禁牧舍饲，可以使大量的农作物秸秆得到充分利用，提高秸秆利用率，加快资源优势向经济优势转变的步伐。

第二章 羊舍的基础设施及建筑设计

羊的生长发育不仅受本身遗传基因的控制和影响，而且与生存的环境条件有很大的关系，创造适合羊生长发育和生产所需要的环境和条件是提高养羊经济效益的主要措施之一。我们把人为控制羊生存的非营养物质条件称为羊的基础设施，包括羊舍设施、饲料加工设施和饲料、饲草生产条件等。

第一节 羊舍的建筑方法与基本原则

一、羊舍设计建筑的方法

建设一个羊场，首先要做的工作是进行生产工艺设计，第二步是设计和建设羊舍。生产工艺设计主要是文字材料，它是根据先期工作（包括立项、可行性报告、报批、调查研究、委托设计等）所确定的羊场性质、规模、任务、要求等，具体制定羊场的生产计划方案。羊舍设计大体可分为3个步骤，即初步设计、技术设计和施工图设计。

1. 初步设计是根据生产工艺设计所提出的各种要求和数据，对全场建筑物的类别、数量、选型、卫生学标准、舍内布置、各种尺寸的选定等，提出具体要求和方案。并根据养羊生产各环节之间的联系，处理好场内各功能区之间乃至各建筑物之间的协调关系。在此基础上提出全场的总平面布局图。

2. 技术设计是根据初步设计所提出的要求，对管道、道路、设备型号，如料槽草架以及其他技术问题提出设计方案。

3. 施工图设计则是将上述各方面的设计方案全部转化为施工图纸。也就是说用施工图的语言符号将全部设计方案准确地表述出来，以便施工人员遵守和实施。施工图文件包括三个方面：a.建筑施工图，包括房舍的平面图、剖面图、立面图、门窗、装修做法、施工说明等；b.结构施工图，主要表示建筑物关键部位的详细构造和施工方法等；c.设备施工图，包括喂草喂料饮水施工图、排水施工图、电气施工图等。

显而易见，生产工艺设计与羊舍设计是羊场建场设计的两个组成部分：生产工艺设计是羊舍设计的前提和基础；羊舍设计则是生产工艺设计的必然要求和结果。二者配合进行，才能提出羊场的完整设计方案来，最好由畜牧专家和工程人员合作完成。

二、羊舍设计的基本原则

羊舍建筑由于各地自然气候、养羊方式、饲养规模的不同，因此对羊舍建筑地址、面积、类型的选择也有所不同，其原则如下所述。

1. 合理的布局是养羊区要与办公区、生活区分开，圈舍应建在办公室或住房的下方。公羊舍建在下风处，距母羊舍200米以上，羔羊和育成羊舍建在上风处；成年羊舍建在中间；病羊隔离舍要远离健康羊300米处。根据羊只生活习性和获得优质产品考虑，羊场应建在地势高燥、背风向阳、空气流通、土质坚实、地下水位低、排水良好、具有缓坡的平坦开阔地带。羊场要远离沼泽地区，因为沼泽地区常是体内外寄生虫和蚊蝇聚集的场所。全场的总体设计和羊舍的单体设计相配合，能为家畜创造一个比较适宜的生活、生产环境，为保证家畜健康和充分发挥其生产潜能提供有利条件。如果是为引进新品种建羊舍，要从生态适应性选择地址，尽可能符合或至少接近于引进品种原产地的自然生态条件。

2. 建场必须考虑要有充足的割草地或足够的饲草料基地以及清洁的水源。舍饲需水量每羊每天5～10升，必须达到饮水标准。各单位建筑物的设计与建造，能够适应设备安装的要求，并且具有一定的超前性，便于先进饲养管理技术的运作。例如"全进全出"的实施，防疫制度的执行，饲料加工和配料等技术的运用，且为劳动力的合理组织提供有利条件，与定额管理、劳动效率结合起来。

3. 建场前应对当地的疫情进行详细调查，切忌在传染病疫区建场。因此，选择场址周围居民和畜群要少，并尽量避开附近羊群转场通道。如一旦发生疫情，便于进行隔离封锁。羊场应建在污染源的上坡上风方向。兽医室、贮料库建在羊舍下坡、下风方向。

4. 为了采用养羊新技术、新机具，应具有一定的交通、通信及电力条件，以便于畜产品的运输和饲草料加工有充足的能源供应。土建工程和管道、线路设计与施工，都应一次完成。道路、排水、绿化等工程也应随之完成，不留尾巴，不应经常改装补修补建。

5. 羊舍建筑与设备投资，以10年折旧计算，所以成本不能太高，一般每平方米200～450元为宜。既不因循守旧，不讲科学，也不能摆脱现实，不讲成本。全场的总体设计和羊舍的单体设计都应体现节约的原则，切忌贪大求洋、华而不实。使每一幢建筑物、每平方米地面、每一段管道和线路都能得到合理利用，充分发挥其效能。总之，羊场设计是一项复杂的任务，需要设计人员具有广泛的知识、技术和周密而细致的工作能力，使设计工作进行得科学、合理、有序，使筹建时所提出的意图和要求得到全面实现。

第二节　羊舍建筑的要求及羊舍类型

一、羊舍建筑的要求

（一）羊舍面积

羊舍面积依羊的生产规模、方向、品种、性别、年龄、生理状态及气候条件不同而有差异，一般以夏季防暑、防潮、通风和便于管理为原则。通常要求每只羊应占有的羊舍面积为：种公羊合养1.5～2.0平方米、单养4.0～5.0平方米；母羊0.8～1.6平方米，春季产羔母羊2.3～2.5平方米；育成羊0.6～0.8平方米。农区多为传统的公、母、大、小混群饲养，其平均占地面积应为0.8～1.2平方米。每幢为32.24米×8.24米，计266平方米。

地面通常称为畜床，是羊躺卧休息、排泄和生产的地方。地面的保暖与卫生状况很重要。羊舍地面有实地面和漏缝地面两种类型。实地面又以建筑材料不同有夯实黏土、三合土（石灰：碎石：黏土为1：2：4）、石地、混凝土、砖地、水泥地、木质地面等。黏土地面易于去表换新，造价低廉，但易潮湿和不便消毒，干燥地区可采用。三合土地面较黏土地面好。石地面和水泥地面不保温、太硬，但便于清扫与消毒，砖地面和木质地面，保暖，也便于清扫与消毒，但成本较高，适合于寒冷地区。饲料间、人工授精室可用水泥或砖铺地面，以便消毒。漏缝地面能给羊提供干燥的卧地。漏缝地面用软木条或竹片或镀锌钢丝网等材料做成，这样以便粪便漏下，便于清扫粪便，木条宽50毫米，厚35毫米，缝隙宽20毫米，离地面高150~180厘米，适用于成年绵羊和10周龄羔羊。镀锌钢丝网眼，要略小于羊蹄的面积，以免羊蹄漏下伤及羊身。

（二）墙与门窗

墙在畜舍保温上起着重要的作用。砖墙是最常用的一种，其厚度有半砖墙、一砖半墙等，墙越厚，保暖性能越强。石墙，坚固耐久，但导热性大，寒冷地区效果差。国际采用金属铝板、胶合板、玻璃纤维料建成保温隔热墙，效果很好。

羊舍门窗高度与面积，不仅影响防寒防暑，而且影响通风与采光效果。一般要求羊舍高度不低于2.5米，门窗应朝阳，距地面高度不低于1.5米，门的宽度不少于2.0米（大群羊可适当放宽至3.0米）。按200羊设一个门，要特别注意的是，门要朝外开。窗：一般宽1.0~1.2米，高0.7~0.9米。窗户的面积为地面面积的1/15。窗户的分布及间距要均匀，以保证有良好的采光与通风效果。

（三）运动场

运动场也是饲喂场，应建在羊舍前面，其面积不小于羊舍面积的2倍。围墙高度不低于1.5米，地面应渗水力强并有向外倾斜的坡度以利排水。

（四）屋顶与天棚

屋顶具有防雨水和保温隔热的作用。其材料有陶瓦、石棉瓦、木板、塑料薄膜、油毡等。国际有采用金属板的。单坡式羊舍，一般前高2.2~2.5米，后高1.7~2.0米。屋顶斜面呈45°。

（五）建筑材料

羊舍建筑材料的选用要因地制宜，就地取材，方便经济。为保证羊舍坚固耐用，使用长久，在经济条件允许下，标准可适当高些，以免经常维修。一般以砖、木、钢筋、水泥结构为好，每平方米造价450元为宜。

二、羊舍类型

羊舍建筑类型依据气候条件、饲养要求、建筑场地、建材选用、传统习惯和经济实力的不同而不同。按羊床在舍内的排列可分为单列式、双列式（图2-1）；按羊舍长轴一侧是否有墙壁和其高度可分为敞开式、半敞开式和封闭式；按屋顶样式可分为单坡式、双坡式、圆拱式、半钟楼式、钟楼式等。

图2-1　双列式羊舍

（一）棚舍式羊舍

棚舍式羊舍适宜在气候温暖的地区采用。特点是造价低、光线充足、通风良好。夏季可作为凉棚，雪雨天可作为补饲的场所。这种羊舍三面有墙，羊棚的开口在向阳面，前面为运动场。羊群冬季夜间进入棚舍内，平时在运动场过夜（图2-2）。

图2-2　棚舍式羊舍

（二）窑洞式羊舍

窑洞式羊舍适宜于土质比较好的地区，特别是在山区使用。其特点是造价低，建筑方便，经久耐用，羊舍温度和湿度比较恒定，还有利于积粪。这种羊舍冬暖、夏凉，舍内的温度变化范围小。其缺点是采光不足和通风性能差。若在建造时增加门窗的面积，并在窑洞的顶上开通风孔，可弥补这些不足（图2-3）。

图2-3　窑洞式羊舍

（三）楼式羊舍

其羊床多以木条、竹片为建筑材料，间隙1~1.5厘米，距地面高度1.5米。羊舍的南面或南北两面，一般只有1米高的墙，舍门宽1.5~2.0米。运动场在羊舍南面，其面积为羊舍的2.0~2.5倍。若将这类羊舍稍作修改，即将楼板距地面高度增至2.5米，则使用更为方便。干燥少雨季节，羊住楼下，既可防热，又可将干草贮存于楼上；梅雨季节，将羊只饲养于楼上，以防潮湿（图2-4）。

图2-4 楼式羊舍

另外，在草山草坡较多的地区，可适应这类地形地势条件因地制宜地借助缓坡地修建楼式羊舍。修建此类羊舍的山地坡度为20°左右，羊舍离地面高度为1.2米，羊舍地面采用漏缝地板，屋顶用石棉瓦覆盖，四周用木条和竹片修建。由于羊舍背依山坡，因而应修建排水沟，以防雨水冲毁羊舍。这种羊舍结构简单，投资较少，通风防潮，防暑降温，清洁卫生，无粪尿污染，适合于天气炎热、多雨潮湿、缓坡草地面积较大的地区。

（四）房屋式羊舍

房屋式羊舍是羊场和农民普遍采用的羊舍类型之一。在炎热地区为羊只怀孕产羔期所使用，饮水、补饲多在运动场内进行，室内不设其他设备。羊舍多为砖木结构，建筑也多采用长方形式（图2-5）。

（五）开放、半开放结合单坡式羊舍

这种羊舍由开放和半开放舍两部分组成，羊舍排列成"厂"字形，羊可

以在两种羊舍中自由活动。在半开放羊舍中，可用活动围栏临时隔出或分隔出固定的母羊分娩栏。这种羊舍适合于炎热或当前经济较落后的牧区。

图2-5　房屋式羊舍

（六）塑料大棚式羊舍

塑料大棚式羊舍是将房屋式和棚舍式的羊舍的屋顶部分用塑料薄膜代替而建设的一种羊舍。这种羊舍主要在中国北方冬季寒冷地区使用，具有经济适用、采光保暖性能好的特点（图2-6）。它可以利用太阳的光能使羊舍的温度升高，又能保留羊体产生的温度，使羊舍内的温度保持在一定的范围

图2-6　塑料大棚式羊舍

内，可以防止羊体热量的散失，提高羊的饲料利用效果和生产性能。

第三节　舍饲养羊主要设备

一、饲槽、水槽

饲槽主要用来饲喂精料、颗粒料、青贮料、青草或干草。根据建造方式主要可分为固定式和移动式两种。另外要在运动场设置水槽，可用水泥制成，形状大小同饲槽。

1. 固定式饲槽是依墙或在运动场内用砖、石、水泥等砌成的一行或几行固定式饲槽，要求上宽下窄，槽底呈现圆形（图2-7）。

2. 移动式饲槽多用木料或铁皮制作。具有移动方便、存放灵活的特点。常见的几种移动式饲槽和水槽见图2-8。

图2-7　固定式饲槽

图2-8　移动式水槽

二、饲草架

它是喂粗饲料、青绿饲草的专用设备，可以减少饲草浪费，避免羊毛污染。各地饲草架的形状及大小不尽一致，有靠墙设置固定的单面草架，也有在运动场中央设置的双面草架。活动式草架多采用木料制作（也可用厚铁皮），有的同时还可用于补饲精料。

草料架形式多种多样。有专供喂粗料的草架，有供喂粗料和精料两用的联合草料架，有专供喂精料用的料槽。添设料架总的要求是不使羊只采食时相互干扰，不使羊脚踏入草料架内，不使架内草料落在羊身上影响到羊毛质量。一般在羊栏上用木条做成倒三角形的草架，木条间隔一般为9~10厘米，让羊在草架外吃草，可减少浪费，避免草料污染（图2-9）。

三、分羊栏

分羊栏供羊分群、鉴定、防疫、驱虫、测重、打号等生产技术性活动中使用。分羊栏由许多栅板连结而成。在羊群的入口处成为喇叭形，中部为一小通道，可容许羊只单行前进。沿通道一侧或两侧，可根据需要设置3～4个可以向两边开门的小圈。利用这一设备，就可以把羊群分成所需的若干小群。

四、活动围栏

活动栏可供随时分隔羊群之用。在产羔时，也可以用活动围栏临时间隔为母仔小圈、中圈等。通常有重叠围栏、折叠围栏和铁管钢筋棍制作的等几种类型。活动围栏见图2-10。

图2-9　草架

图2-10　木质活动栅栏

五、栏杆与颈夹

羊舍内的栏杆，材料可用木料，也可用钢筋。形状多样，公羊栏杆高1.2～1.3米，母羊1.1～1.2米，羔羊1.0米。靠饲槽部分的栏杆，每隔30～50厘米的距离，要留一个羊头能伸出去的空隙。该空隙上宽下窄，母羊上部宽为15厘米，下部宽为10厘米，公羊为19厘米与14厘米，羔羊为12厘米与7厘米。

每10～30只羊可安装一个颈夹，以防止羊只在喂料时抢食和有利于打针、修蹄、检查羊只时保定。颈夹可上下移动也可左右移动。

六、药浴设备

1. 大型药浴池

大型药浴池可供大型羊场或羊较集中的乡村药浴用。药浴池可用水泥、砖、石等材料砌成为长方形，似狭长而深的水沟。长10～12米，池顶宽

60～80厘米，池底宽40～60厘米，以羊能通过但不能转身为准，深1.0～1.2米。入口处设漏斗形围栏，使羊依顺序进入药浴池。浴池入口呈陡坡，羊走入时可迅速滑入池中，出口有一定倾斜坡度，斜坡上有小台阶或横木条，其作用一是不使羊滑倒；二是羊在斜坡上停留一些时间，使身上余存的药液流回浴池。

2. 小型药浴槽、浴桶、浴缸

小型浴槽液量约为1 400升，可同时将两只成年羊（小羊3～4只）一起药浴，并可用门的开闭来调节入浴时间（图2-11）。这种类型适宜小型羊场使用。

图2-11 药浴池

3. 帆布药浴池

用防水性能良好的帆布加工制作。药浴池为直角梯形，上边长3.0米、下边长2.0米，深1.2米、宽0.7米，外侧固定套环。安装前按浴池的大小形状挖一土坑。然后放入帆布药浴池，四边的套环用铁钉固定，加入药液即可使用。用后洗净，晒干，以后再用。这种设备体积小、轻便，可以巡回使用。此外，还有机械淋浴式药浴池。

七、青贮设备

1. 青贮塔

青贮塔分为全塔式和半塔式两种。全塔式直径通常为4.0～6.0米，高6.0～16米，容量75～200吨。半塔式埋在地下深度3.0～3.5米，地上部分高度4.0～6.0米。塔用木材、砖或石块砌成，塔基必须坚实，半塔式地下部分必须用石块砌成。塔壁有足够的强度，表面光滑，不透水，不透气，最好在外表上涂上绝缘材料。塔侧壁开有取料口，塔顶用不透水、不透气的绝缘材料制成，其上有一个可密闭的装料口。这种塔由于取出口较小，深度较大，饲料自重压紧程度大，空气含量少。因此，青贮料损失较少，但建筑费用昂贵，只在大型牧场使用。

2. 地下青贮窖或壕

青贮窖壁要光滑、坚实、不透水、上下垂直，窖底呈锅底状。直径一般为 3.0～3.5 米，深 3.0～4.0 米。青贮壕为长方形，宽 3.0～3.5 米，深 10 米，长度不一，一般为 15～20 米，可长达 30 米以上。结构简单，成本低，易推广，但窖中易积水引起青贮料霉烂，造成损失，必须注意周围排水（图 2-12）。

图2-12 青贮窖

3. 青贮袋

近年来，中国大力推广袋装调制青贮料。此袋为一种特制的塑料大袋，袋长可达 36 米，直径 2.7 米，塑料薄膜用两层帘子线增加强度，非常结实。目前，德国用一种厚 0.2 毫米，直径 24 米的聚乙烯塑料薄膜圆筒袋青贮。这种塑料袋长 60 米，可根据需要剪裁。袋式青贮损失少，成本低，适应性强，可推广利用（图 2-13）。

图2-13 青贮袋

4. 水井

如果羊场无自来水，应挖掘水井。水井应离羊舍 100 米以上。为保护水源不受污染，水井应设在羊场污染源的上坡上风方向。井口应高出地平面，并加盖，井口周围修建井台和围栏。

八、饲料库和草棚

饲料库是进行羊精饲料加工和饲料贮存的场所，应选择防潮、防鼠和封闭性能好的房屋作饲料库（图 2-14）。草棚主要用于存放羊的饲草，要防雪雨、防火、防潮（图 2-15）。

九、饲草、饲料加工设备

饲养肉羊要达到优质、高效、规模化养羊生产，需配置必要的养羊机械，方可提高劳动效率，降低生产成本。

1. 切草机

切草机主要用于切短茎秆类饲草，以提高秸秆饲料的采食利用率。按机型可分为大、中、小型；按照切割部件不同，可分为滚刀式切碎机、圆盘式切碎机两种。现以滚刀式为例介绍工作程序：切草时，人工填料入输送链，由上、下喂入辊作相反方向转动，夹紧喂入的饲草向前移动，由转动的滚动上的动刀片和底刀板上的定刀片摩擦产生切割作用，把饲草切成碎节，由风扇送出（图2-16）。

2. 粉碎机

粉碎机主要用于对粗饲料和精饲料的粉碎，是舍饲养羊必备的饲料加工设备。常用的饲料粉碎机为锤片式粉碎机，粉碎机底部安有筛片，通过筛片上孔的大小来控制饲料粒度的大小。当粉碎玉米秸秆时，筛片上的孔可以稍大些，孔径为10~15毫米；粉碎精饲料时孔径稍小些。对羊的饲料粒度可稍大一些（图2-17）。

图2-14　饲料库

图2-15　草棚

图2-16　切草机

图2-17　粉碎机

3. 颗粒饲料机

颗粒饲料机是一种可将混合饲料制成颗粒状饲料的加工设备（图2-18）。精饲料经粉碎后可以和粗饲料、微量元素饲料、矿物质饲料等混合后制成颗粒，不仅可以提高饲料利用率，有利于咀嚼和改善适口性，防止羊挑食，减少饲料的浪费，而且还具有体积小、运输方便、易贮存等优点。

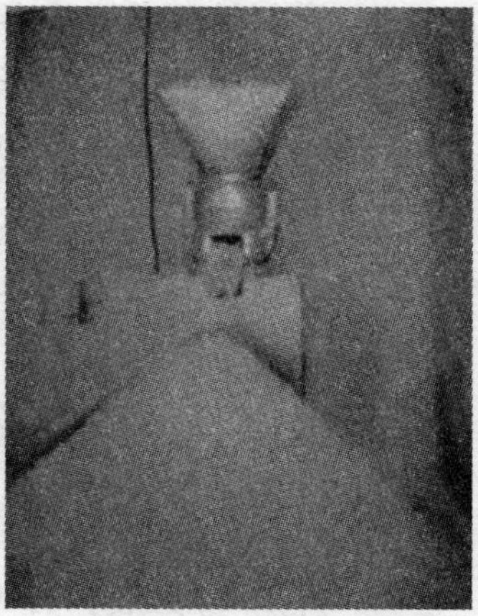

图2-18　颗粒饲料机

十、牧场、羊舍及设备参数

1. 牧场面积：15～20平方米/只。

2. 与居民区距离：300～500米。

3. 与交通干线距离：300～500米。

4. 与其他牧区距离：150米。

5. 总需水量：10升/（羊·日）。

6. 羊舍高度（内）：2.5米。

7. 门宽：1.5～2米/100羊。

8. 窗户（采光）：1：（10～20）。

9. 舍内温度：8～15℃（最高不超28℃）。

10. 相对湿度：50%～70%。

11. 微生物：每立方米70～80个。

12. 换气量：1 000立方米通风口面积（平方米/时）。

温差（℃）	风口高4米	5米
10	0.33	0.29
20	0.23	0.20

13. 舍内地面比舍外地面高30厘米。

门前坡度：15%。

纵向通道宽：1.2米。

地面坡度：1%～2%。

14. 饲料量（成年母羊）

　　青干草：1.5～2千克/（羊·日）。

　　青贮（多汁）：1～2千克/（羊·日）。

　　精料：0.5千克/（羊·日）。

15. 草架长：20～30厘米/羊。

16. 料槽长：20～30厘米/羊。

17. 栅栏长：30～50厘米/羊。

18. 草棚：1立方米/羊。

19. 库房（加工间）：0.5立方米/羊。

20. 车辆：三轮车或平车。

21. 其他：住房、道路、绿化。

第四节　羊场的环境调控技术

羊场环境主要是指场区和舍区的环境。这些地方环境的好坏，直接影响羊生产力的发挥。

一、羊舍环境控制

羊舍环境控制就是通过人工手段以克服羊舍不利环境因素的影响，建立有利羊健康和生产的环境条件。其主要采取的措施包括羊舍的防寒避暑、通风换气、采光照明、消毒等。

（一）羊舍防寒避暑

防寒防暑的目的在于采取一些措施，使舍内温度始终保持在符合羊所要求的适宜温度范围内，使羊的生长发育不会受到较大的影响。

1. 羊舍防寒保温

（1）屋顶的防寒保温　羊舍的屋顶面积大，在寒冷季节，热量容易从屋顶散失，羊舍设置天棚是减少屋顶散热的有效方法。

（2）墙壁的保温隔热　为了防止羊舍的散热，建造羊舍时，墙壁可选用空心砖代替普通砖，或采用玻璃棉等阻热材料，提高墙的热阻值。设置门斗和双层窗，也是有效的保温措施。

（3）地面的保温隔热　羊舍的地面多数采用三合土和夯实土地面，这种地面在干燥状况下，具有良好的温热特性。而水泥地面又冷又硬，对羊极为不利。空心砖导热系数小，是好的羊舍地面材料，在其下面再加一层油毡或沥青防潮，效果较好。

（4）选择有利的羊舍朝向　羊舍以南向为好，有利保温采光。

（5）防寒　冬季能通过提高饲养密度，铺设垫草来进行防寒。

2. 羊舍的避暑降温

（1）屋顶隔热　屋顶选择良好的隔热材料，减少太阳辐射热。设置天棚或双层屋顶，也能有效地减少太阳辐射热。

（2）利用主风向、加强通风散热　为了保证夏季羊舍有良好的通风，让羊避暑，羊舍的朝向应尽量面对夏季的主风向，以确保有穿堂风通过，使羊体凉爽。

（3）遮挡阳光，绿化环境　加宽羊舍屋檐，搭凉棚等来遮挡太阳光，绿色羊舍周围环境，通过植物蒸腾作用和光合作用，吸收热，有利于降低气温。

（4）羊舍降温　通过喷雾和淋浴方法，来降低舍内温度。

（二）羊舍的通风换气

通风换气是为了排除羊舍内产生过多的水汽和热量，驱走舍内产生的有害气体和臭味。

羊舍的通风装置多采用流入排出式系统，进气管均匀设置在羊舍纵墙上，排气管均匀设置在羊舍屋顶上。进气管间距为2～4米，排气管间距1～2米。进气管可分别设置在纵墙距天棚40～50厘米处及距地面10～20厘米处，设调节板，控制进风量。冬季用上面的进气管，同时堵住下面的进风管，避免羊体受寒。夏季用下面的，有利羊体凉爽。排气管一般设置在羊床上方，沿屋脊两侧交错垂直安装在屋顶上，下端由天棚开始，上端高出屋脊0.5～0.7米，管内设调节板。排气管上设风帽（图2-19）。

机械通风方式里的负压通风比较简单、投资少、管理费用也较低，羊舍多采用，负压通风也叫排气式通风或排风，是通过风机抽出舍内的污浊空气，舍内空气压力变小，舍外新鲜空气通过进气口或进气管流入舍内而形成舍内外空气交换。

（三）羊舍的采光

控制羊舍采光的主要方法有以下两种。

1.窗户面积

羊舍窗户面积越大，采光越好。窗户面积常用采光系数来表示。采光系数指窗户的有效采光面积与舍内地面面积之比。

图2-19　羊舍通风口

2.玻璃

干净的玻璃可以阻止阳光中大部分的紫外线，脏的玻璃可以阻止15%～19%可见光，结冰的玻璃可以阻止80%可见光。

二、羊场环境的监控和净化

羊场环境的监控和净化主要是靠消毒来完成的。

消毒是指运用各种方法消除或杀灭饲养环境中的各类病原体，减少病原体对环境的污染，切断疾病的传染途径，达到防止疾病发生、蔓延，进而达到控制和消灭传染病的目的。消毒主要是针对病原微生物和其他有害微生物，并不是消除或杀灭所有的微生物，只是要求把有害微生物的数量减少到无害化程度。

（一）常规消毒法

1.清扫与洗刷

为了避免尘土及微生物飞扬，清扫运动场和羊舍时，先用水或消毒液喷洒，然后再清扫。主要是清除粪便、垫料、剩余饲料、灰尘及墙壁和顶棚上的蜘蛛网、尘土。

2.消毒药喷洒或熏蒸

喷洒消毒液的用量为每平方米1升，泥土地面、运动场为每平方米1.5升左右。消毒顺序一般从离门远处开始，以墙壁、顶棚、地面的顺序喷洒一遍，再从内向外将地面重复喷洒1次，关闭门窗 2~3 小时，然后打开门窗通风换气，再用清水清洗饲槽、水槽及饲养用具等（图2-20）。

图2-20　消毒

3. 饮水消毒

羊的饮水应符合畜禽饮用水水质标准，对饮水槽的水应隔 3~4 小时更换 1 次，饮水槽和饮水器要定期消毒，有条件时可用含氯消毒剂进行饮水消毒。

4. 空气消毒

一般畜舍被污染的空气中微生物数量为每立方米10个以上，当清扫、更换垫草、出栏时更多。空气消毒最简单的方法是通风，其次是利用紫外线杀菌或甲醛气体熏蒸。

5. 消毒池的管理

在羊场的大门口应设置消毒池，长度不小于汽车轮胎的周长，即 2 米以上，宽度应与门的宽度一样，水深 10~15 厘米，内放 2%~3% 氢氧化钠溶液或 5% 来苏尔溶液和草包。消毒液 1 周换 1 次（图2-21）。

图2-21　消毒池

6. 粪便消毒

常用的粪便消毒是发酵消毒法。

（二）人员及其他消毒

1. 人员消毒

饲养管理人员应保持个人卫生，定期进行人畜共患病的检疫，并进行免疫接种。

2. 饲养人员进入畜舍时，应穿专用的工作服、胶靴等，并对其定期消毒。工作服采取煮沸消毒，胶靴用3%～5%来苏尔浸泡。

3. 饲养人员除工作需要外，一律不准在不同区域或栋舍之间相互走动，工具不得互相借用。所有进入生产区的人员，必须坚持在场区门前踏3%氢氧化钠溶液池、更衣室更衣、消毒液洗手。

4. 饲料的消毒

对粗饲料要通风干燥，经常翻晒和日光照射消毒，对青饲料要防止霉烂，最好当日割当日喂。精饲料要防止发霉，要经常晾晒。

5. 羊体表消毒

主要方法有药浴、涂擦、洗眼、点眼、阴道子宫冲洗等。

6. 发生疫病羊场的防疫措施

及时发现，快速诊断，立即上报疫情；对易感羊群进行紧急免疫接种，及时注射相关疫苗和抗血清，并加强药物治疗，饲养管理及消毒管理；对污染的圈、舍、运动场都要彻底的消毒。

第三章 绒山羊的主要品种

第一节 国内主要绒山羊品种

一、辽宁绒山羊

（一）产地

辽宁绒山羊主要产于辽东半岛的盖州、复州、庄河、岫岩、凤城、宽甸及辽阳等县市，是中国产绒量高，绒毛品质好的绒用山羊品种之一。

（二）品种形成

产区地处辽宁省的东南部山区，境内地势复杂，山地、河谷及小型平原相互交错，零星牧场遍及全区。产区自然条件优越，属暖温带湿润区。年平均气温为7～8℃，年平均相对湿度为65%～71%，年平均降水量为700～900毫米，无霜期为150～170天。土壤为棕色森林土和褐色森林土。植被属森林植被，多为灌木丛和山地草甸草丛草场。植被覆盖率达80%，牧草繁茂、种类繁多，以禾本科、豆科牧草为主，次为低矮灌木，都是山羊的好饲料。

产区群众对羊只选择极为重视，常选择体格大、体质结实、四肢端正、性情活泼、绒多、角粗壮、雄性强的公羊作种用。辽宁绒山羊就是在这种优越的自然生态条件下，经当地群众多年精心选育而形成的。

（三）品种特性

具有体质结实，产绒性能卓越，遗传性能稳定，环境适应性强，适合放牧等特性。

1. 体型外貌

体型较大，体质健壮，结构匀称，头小，额顶有长毛，颔下有髯，公母羊均有角，公羊角发达，向两侧平直伸展，母羊角向后上方。额顶有自然弯曲并带丝光的绺毛。体躯结构匀称，体质结实。颈部宽厚，颈肩结合良好，背平直，后躯发达，呈倒三角形状。四肢较短，蹄质结实，短瘦尾，尾尖上翘。被毛为全白色，外层为粗毛，且有丝光光泽，内层为绒毛

（图3-1、图3-2）。

图3-1 辽宁绒山羊公羊　　　　　　图3-2 辽宁绒山羊母羊

2. 生产性能

（1）剪毛（绒）量和羊毛（绒）品质　辽宁绒山羊每年3月末至4月初抓绒，然后剪毛。抓绒量，育成公羊平均为（0.32±0.01）千克，育成母羊平均为（0.32±0.01）千克；成年公羊平均抓绒量为570克，最高超过1千克，母羊产绒量435克。绒纤维细度，成年公羊17.07微米，母羊16.32微米；绒纤维自然长度成年公羊6.63厘米，成年母羊6.20厘米；伸直长度成年公羊9.57厘米，成年母羊8.32厘米；绝对强度成年公羊6.31牛/平方厘米，成年母羊6.05牛/平方厘米；伸度分别为40.09%和37.80%。

（2）产肉性能　初生体重，公羔（2.39±0.11）千克，母羔（2.31±0.07）千克；3月龄断奶重，公羔平均为（19.43±0.32）千克，母羔平均为（16.70±0.25）千克；周岁公羊体重27.81千克，母羊23.73千克；辽宁绒山羊成年公羊平均体重50～55千克，母羊平均体重44.90千克；辽宁绒山羊6～8月龄公羊的屠宰率为45%左右，净肉率为32%，母羊的屠宰率为43%，净肉率为30.4%，羯羊的屠宰率为50.24%，净肉率为37.76%。

（3）繁殖性能　辽宁绒山羊公、母羔羊5月龄达性成熟，一般到18月龄开始配种。自然交配的公、母比例为1∶（20～30），受胎率为98%以上。母羊发情大多数集中在春、秋季节。发情周期为17天，发情持续期为1～2天。妊娠期为146天。繁殖年限为7～8岁。一年一胎。产羔率110%～120%。

（4）利用情况　1965年开始育种工作，于1983年通过鉴定，列入了国家标准。由于该品种体大、被毛白色、羊绒产量高、适应性强、遗传性稳定，在国内享有盛名，自20世纪80年代以来，已在国内17个省、自治区的50多个县推广种羊8万多只。引入区除进行纯种繁殖外，用公羊做父本，改良本地低产母羊，收到很好效果。用辽宁绒山羊同内蒙古伊盟当地土种山羊杂交，后代公母山羊每年产绒量分别提高359.72克和143.32克，杂交羊绒纤维自然长度5.79厘米，而土种羊大多数为3.2～3.5厘米。用以改良河北、陕西、山东、新疆、北京地区山羊，对羊绒产量和绒纤维的长度提高，同样获得较明显的效果。

二、内蒙古绒山羊

（一）产地

产于内蒙古西部，分布于二郎山地区、阿尔巴斯地区和阿拉善左旗地区，是中国绒毛品质最好，产绒量高的优良绒山羊品种。

（二）品种形成

产区地形复杂，山峦重叠，悬崖峭壁。气候变化大，十年九旱，为典型的大陆性高原气候。海拔在1 500米以上。冬、夏温差大，冬季漫长而寒冷，年平均气温为3.1℃，1月份为−29.9～−19.2℃，7月份为27.2～35℃，年降水量为199.1毫米，年蒸发量为2 455.1毫米，无霜期为120天左右。高原地区地下水位一般深达80～120米，丘陵山区多溪流。植被以多年生禾本科植物及灌木、半灌木为主。

产区历来以养山羊为主，当地牧民饲养山羊不仅为解决肉、乳的需要，同时也为了生产羊绒和羊毛。因此，对山羊毛色、绒毛质量、体重的选择很注意。内蒙古绒山羊系蒙古山羊在荒漠、半荒漠条件下，经广大牧民长期饲养、选育形成的一个优良类群。

（三）品种特性

属古老的地方良种，具有独特的体型外貌，良好的产绒性能和羊绒品质，有较强的适应性和抗病力，放牧能力强。

1. 体型外貌

公母羊均有角，公羊角粗大，母羊角细小，两角向上向后向外伸展，呈扁螺旋状，倒"八"字形。背腰平直，体躯深而长。四肢粗壮，蹄坚实，尾短而上翘。被毛白色，由外层粗长毛和内层绒毛组成。粗毛光泽明亮，纤细柔软，根据被毛长短分长毛型和短毛型两类。长毛型主要产于山区，羊体大，胸宽深，四肢较短，被毛粗毛长达15～20厘米，洁白，呈丝光，净绒率高。短毛型主要分布在梁地或沙漠、滩地。该型羊体质粗糙，两耳覆盖短刺毛，髯短，额毛长8～14厘米，绒毛短而密（图3-3、图3-4）。

图3-3　内蒙古绒山羊公羊

2. 生产性能

（1）剪毛（绒）量和羊毛（绒）品质　内蒙古绒山羊剪毛量，成年公羊平均抓绒量385克，母羊305克。绒纤维自然长度，公羊7.6厘米，母羊6.6厘米。绒毛细度，公羊14.6微米，母羊15.6微米。粗毛长度，公羊17.5厘米，母羊

图3-4　内蒙古绒山羊母羊

13.5厘米。内蒙古绒山羊的皮板厚而致密，富有弹性，是制革的上等原料。

（2）产肉性能　初生体重公羔2.30千克，母羔2.20千克，成年公羊体重50千克左右，母羊30千克左右。绒毛纯白，品质优良，历史上以生产哈达而享誉国内外。产肉能力较强，肉质细嫩，脂肪分布均匀，膻味小，成年羯羊屠宰率为46.9％，母羊为44.9％。

（3）繁殖性能　内蒙古绒山羊公、母羔羊5～6月龄达到性成熟，1.5岁初配，公羊2～4岁配种能力最好，母羊3～6岁繁殖力最强，产羔率为103%～105%。

（四）利用情况

内蒙古绒山羊是中国优良的绒山羊品种。分布广、类型多，性能有所差

别，在以后的研究工作中还需要选育提高，加快优质群体数量的增加。

三、河西绒山羊

（一）产地

河西绒山羊产于甘肃省河西走廊西北部肃北蒙古族自治县和肃南裕固族自治县，分布在酒泉、武威、张掖三地区的各县。

（二）品种形成

产区地形复杂，南部高山纵横，奇峰层峦，山顶终年积雪；中部山峰与谷地、戈壁、沙漠、山冈穿插交错；北部地势较平，整个地势呈南高北低的倾斜状态。山地多呈东西向排列，为典型的干燥剥蚀山地。东南部有高峻的阿尔金山和祁连山，山高坡陡。海拔为1 400～5 564米。

产区为荒漠、半荒漠地带，属典型的大陆性气候。年平均气温为8℃左右，1月份平均气温为-26℃，7月份平均气温为27℃，全年日照为2 500小时以上，年降水量为150毫米，雨季集中在7～8月份，无霜期为130天左右。南部山地气候呈垂直带状分布。土壤有棕色荒漠土、盐化草甸土、山地黑土等。草场有高山灌丛草场、草甸草原草场、半荒漠草场、荒漠草场。牧草种类较多。

产区的蒙古族和裕固族人民历来习惯于以羊肉、羊乳和羊绒为生活资料。河西绒山羊是长期在自然选择和人工选择的作用下所形成的。

（三）品种特性

具有适应性强，采食性好，抗病力强的特性。

1. 体型外貌

体质结实、紧凑。公、母羊均有弓形的扁角，分黑色和白色两种，公羊角较粗长，向上并略向外伸展。四肢粗壮，前肢端正，后肢多呈"X"形。被毛以白色为主，也有黑色、青色、棕色和杂色等。被毛由外层粗毛和内层绒毛组成（图3-5、图3-6）。

2. 生产性能

（1）剪绒量和羊绒品质 成年公羊产绒量323.5克，母羊280.0克。绒纤维自然长度，公羊4.9厘米，母羊4.3厘米；绒纤维细度，公羊15.6微米，母羊15.7微米；净绒率为50%。

（2）产肉性能　河西绒山羊周岁公羊体重平均为20.0千克，周岁母羊平均为18.2千克；成年公羊平均38.5千克，成年母羊平均为26.0千克。河西绒山羊羔羊前期生长发育快，5月龄的羔羊体重可达20.0千克。产区一般对不留种的公羔阉割肥育，待成年后屠宰，老龄母羊淘汰后供肉食，每年10月初集中宰杀。成年母羊的屠宰率为43.6%～44.3%。

图3-5　河西绒山羊公羊

图3-6　河西绒山羊母羊

（3）繁殖性能　河西绒山羊羔羊6月龄左右性成熟，18～20月龄配种。母羊繁殖季节较长，从5月份开始发情，直到翌年1月，以9～10月最旺盛。一年一产，一胎一羔，繁殖率低。

（四）利用情况

对于河西绒山羊除利用它产绒外，还要利用其生长发育快的特点进行羔羊的肥育。在以后的工作中应加强选育，扩大白色被毛群体数量，提高产绒性能。

四、乌珠穆沁白绒山羊

（一）产地

内蒙古自治区锡林郭勒东乌珠穆沁旗和西乌珠穆沁旗。

（二）品种形成

乌珠穆沁白绒山羊是经过长期选育形成的一个新品种。

（三）品种特性

属典型草原型绒肉山羊，具有体格大，抗逆性强，早期生长发育快、抓膘能力强的特点。

1. 体型外貌

公母羊均有角，体大、体质结实，结构匀称；胸宽深，背腰平直，四肢粗壮，蹄质坚实，行动敏捷；面部清秀，鼻梁平直，被毛纯白色，分长毛型和短毛型两种（图3-7）。

图3-7　乌珠穆沁白绒山羊

2. 生产性能

（1）产绒量及绒毛品质　产绒量，成年公羊511.9克，母羊440.6克；纤维自然长度，成年公羊4.41厘米，母羊4.23厘米；绒纤维细度15.62微米；绒纤维绝对强度5.81牛/平方厘米，伸度44.4%；净绒率为65.6%。

（2）产肉性能　抓绒后的体重，成年公羊56.6千克，母羊36.3千克。1.5岁羯羊宰前活重为36.5千克，胴体重14.33千克，屠宰率为43.37%，净肉率为29.42%；2.5岁羯羊相应为55.66千克、26.99千克，净肉率分别为54.11%和32.50%。肉质细嫩，瘦肉比例高，无膻味。

（3）繁殖性能　性成熟早，公母羔羊在3～4月龄就有性行为表现，单胎羔羊6月龄配种即可受胎，母羊一般在10月龄左右配种，为自然交配。经产母羊产羔率为114.8%，双羔率为20.0%。

（四）利用情况

尽可能利用高产绒性能公羊配种，加强选育，提高羊绒品质。

五、罕山白绒山羊

（一）产地

分布于内蒙古自治区赤峰市的巴林左旗、巴林右旗、阿鲁科尔沁旗和哲里木盟的扎鲁特旗、库伦旗、霍林郭勒市。

（二）品种形成

罕山白绒山羊是内蒙古自治区赤峰市的阿鲁科尔沁旗、巴林右旗、巴林左旗和哲里木盟的扎鲁特旗、霍林郭勒市、库伦旗等两个盟市六个旗县联合育成，并于1995年由内蒙古自治区人民政府验收命名的。

罕山白绒山羊是在地方良种选育的基础上，导入辽宁绒山羊血缘而育成的绒肉兼用型品种。2005年统计,品种羊存栏400余万只,其中基础母羊220余万只。

(三)品种特性

该品种具有体格大,抗病力强,适应性和抓膘能力强,羊绒品质好等特性。

1. 体型外貌

图3-8 罕山白绒山羊

罕山白绒山羊体格较大,体质结实,背腰平直,后躯稍高;面部清秀,额前有一束长毛,下颌有髯;公羊有扁螺旋形大角,向后外上方弯曲伸展,母羊角细长(图3-8)。

2. 生产性能

(1)产绒量及绒毛品质 产绒量,成年公羊708.4克,母羊487.0克;育成公羊440.4克,母羊381.0克。绒纤维自然长度,成年公羊5.54厘米,母羊4.73厘米;育成公羊4.64厘米,育成母羊4.46厘米。绒纤维细度14.71微米。

(2)产肉性能 抓绒后的体重,成年公羊47.5千克,母羊32.38千克;育成公羊30.64千克,母羊24.23千克。周岁羯羊宰前活重35.9千克,胴体重15.6千克,屠宰率为43.4%,净肉率为35.3%。成年羯羊相应为51.4千克、23.3千克、46.2%和39.9%。

(3)繁殖性能 性成熟早,公母羔羊一般在5~6月龄有性行为,母羊在1岁左右开始配种。产羔率为114.23%。

(四)利用情况

充分利用高产绒性能的公羊配种,稳定遗传性,加强选育,提高群体羊绒品质,还应注意肉用性能的选育。

六、新疆山羊

(一)产地

分布于整个新疆,以南疆的喀什、和田及塔里木河流域,北疆的阿勒泰、昌吉和哈密地区的荒漠草原及干旱贫瘠的山地分布较多。其中北疆山羊体格大,南疆山羊体格小。

（二）品种形成

产区属大陆性气候，地势地形复杂。气候变化剧烈，春季气温多变，秋季下降迅速。最冷（1月份），北疆平均气温为−10～−15℃，南疆平均为−6～−10℃；最热（7月份），北疆平均气温为22～26℃，南疆大部分地区气温在26℃以上。昼夜温差大，各地平均在11℃左右。各地年降水量差异也很大，北疆冬雪约占年降水量的30%，南疆占10%～15%。蒸发量大，南疆为2 000～3 400毫米，北疆为1 500～2 300毫米。无霜期，北疆为102～185天，南疆为183～230天。海拔为500～2 000米的高山、亚高山草甸草原和森林草甸草原，牧草丰富，气候凉爽，是羊只的夏季牧草。天山、昆仑山及阿尔泰山等山脉的山麓和中山地带，冬季气候温和，阳坡草场积雪较薄，是山羊的冬季牧草。

山羊在新疆畜种结构中与人民生产和生活有着极其密切的关系，不仅为人民生活提供羊肉，而且还能提供山羊绒原料。长期以来，在自然选择和人工选择的作用下，形成多种产品用途的山羊品种。

（三）品种特性

具有耐粗饲，攀登能力、抗病力强，生长快，繁殖力高和产奶好的特性。

1. 体型外貌

头大小适中，耳小半下垂，鼻梁平直或下凹，公、母羊均有角，角型多直立。角尖端微向后弯，颌下有髯，背平直。泌乳量高，尾小而上翘。被毛以白色为主，次为黑色、灰色、褐色及花色（图3-9、图3-10）。

图3-9　新疆山羊公羊

图3-10　新疆山羊母羊

2. 生产性能

（1）绒毛产量及其品质　产绒量依产区而异，哈密地区成年公羊310克。阿勒泰地区，成年公羊产绒232.0克，母羊产绒178.7克；周岁公羊产绒159.6克，母羊产绒155.0克。阿克苏地区，成年公羊产绒145.0克，母羊175.5克；周岁公羊产绒130克，母羊171克。绒纤维自然长度4.0～4.4厘米，绒纤维细度13.8～14.4微米。净绒率75%以上。

（2）产肉性能　成年羊的体重依产地而异，哈密地区，成年公羊58.4千克，母羊36.9千克；周岁公羊30.4千克，母羊25.7千克。阿勒泰地区，成年公羊59.5千克，母羊34.2千克；周岁公羊27.8千克，母羊25.4千克。阿克苏地区，成年公羊32.6千克，母羊27.1千克；周岁公羊21.4千克，母羊18.4千克。阿勒泰地区成年羯羊宰前体重32.07千克，胴体重13.24千克，屠宰率为41.28%；哈密地区相应为36.62千克、14.66千克和40.03%；阿克苏地区2～3岁羯羊相应为21.10千克、8.66千克和41.04%。

（3）繁殖性能　公母羔羊4～6月龄性成熟，初配龄在18个月，配种大多数是在10月份左右，产羔率106.5%～138.6%。

（四）利用情况

新疆山羊目前仍在极为粗放的饲养管理条件下，生产肉、绒、毛等产品。为此应加强本品种选育，阿勒泰地区的产绒量优于其他地区，应将该区划为选育区，并可引入一些优良绒山羊血缘，培育新型的白绒山羊品种。

七、新疆白绒山羊

（一）产地

新疆维吾尔自治区乌鲁木齐市达坂城地区。

（二）品种形成

以辽宁绒山羊、野山羊为父本，新疆山羊为母本，采用育成杂交、择优横交、近交等方法培育而成。

（三）品种特性

具有耐粗饲，适应性强，体格大，产绒量高，绒纤维细等特性。

1. 体型外貌

公母羊有角，向后侧伸展，颌下有髯，背腰平直，体躯深长，四肢端正，蹄坚实，尾尖向上翘，被毛白色。

2. 生产性能

成年公羊的体重46.74～51.41千克，母羊为32.97～34.82千克；周岁公羊体重26千克左右，母羊为23.0千克左右。产绒量，成年公羊546克左右，母羊为360克左右；周岁公羊为345～394克左右，母羊为345～368克左右。绒纤维细度为12～16微米。羊绒纤维的自然长度为5.5厘米，净绒率60%以上。

（四）利用情况

新疆白绒山羊仍处于育种阶段。新疆白绒山羊近10多年来已向其境内各地推广种公羊数千余只，对改良新疆山羊发挥了极其重要的作用。从各地反馈的信息得知，改良效果十分满意。产绒量的提高幅度很大。

八、太行山羊

（一）产地

太行山羊产于太行山东、西两侧的晋、冀、豫三省接壤地区。在山西省境内分布在晋东南、晋中两地区东部太行山区各县；河北省境内分布于保定、石家庄、邢台、邯郸地区京广线两侧各县；河南省境内分布于安阳、新乡地区的林县、安阳、淇县、汲县、博爱、沁阳及修武等县的山区。

（二）品种形成

太行山羊产区位于黄土高原的东缘太行山区。该区地势高，地形复杂，不仅山高，且有许多陡峭的山坡。地势从南向北逐渐升高，中段、北段一般在1 000米左右，山峰海拔高度在2 000米左右。南段为低山和丘陵，一般海拔500米以上。坡度比较平缓。产区属暖温带大陆性气候，山间盆地由于海拔较低，热量条件好。年平均气温为9.92℃，极端最低平均气温-25.72℃；极端最高平均气温为38.6℃。平均年降水量为610.15毫米，年平均相对湿度为63.33%，无霜期为190～230天。

降雨都集中在7月、8月、9月份，降水强度大，因山高坡度大，水土流失严重。许多河流发源于本区或流经本区，如清漳河、浊漳河及滹沱河。径流资源丰富。农作物有小麦、玉米、谷子及豆类、棉花。山区林木果树较多，有核桃、柿子、山楂等。作物秸秆、树叶以及广阔的草山草坡，为发展山羊提供了丰富的饲草来源。加上群众的精心饲养和长期选育，形成了在体型外貌、体质类型一致的山羊品种。

（三）品种特性

具有适应性强，抗病力强，体质健壮，适于放牧的特性。

1. 体型外貌

颈短粗。胸深而宽，背腰平直，后躯比前躯高。四肢强健，蹄质坚实。尾短小而上翘，紧贴于尻端。头大小适中，耳小前伸，公、母羊均有髯，绝大部分有角，少数无角或有角基。角型主要有两种：一种角直立扭转向上，少数在上1/3处交叉；另一种角向后向两侧分开，呈倒"八"字形。公羊角较长呈拧扭状，公、母羊角都为扁状。毛色主要为黑色，少数为褐色、青色、灰色、白色。被毛由长粗毛和绒毛组成（图3-11）。

（a）　　　　　　　　　　　　　　（b）

图3-11　太行山羊

2. 生产性能

（1）产绒量及绒毛品质　太行山羊成年公羊体重为36.7千克，成年母羊32.8千克。成年公羊平均抓绒量为275克，成年母羊平均为160克，成年公羊平均剪毛量为400克，成年母羊平均为350克。绒纤维自然长度2.36厘米，绒纤维细度为14.06～14.39厘米。

（2）产肉性能　太行山羊2.5岁的羯羊，宰前重平均为39.9千克，胴体重平均为21.1千克，屠宰率平均为52.82%。净肉重平均为16.5千克，净肉率平均为41.43%。肉质细嫩，膻味小，脂肪分布均匀。

（3）繁殖性能　公母羊性成熟在6～7个月，18月龄配种，产羔率120%左右。河北省的太行山羊产羔率较高为143%。

（四）利用情况

太行山羊对太行山生态环境有较强的适应性。今后应充分利用山区的山坡草场资源发展太行山羊，以本品种选育为主，提高肉、绒产量。也可引入白色绒山羊改良，增加白绒产量，提高经济效益。

九、子午岭黑山羊

（一）产地

主要分布于甘肃省庆阳市等地，陕西省榆林、延安市的26个市、县和渭河高原北部的14个县。

（二）品种形成

产区境内气候温和，光照充足，干旱半干旱气候，年平均气温8℃，年日照2 250～2 600小时，无霜期140～180天，年均降雨350～550毫米。本品种就是在这样的环境下，由当地的农民精心饲养与选育而逐渐形成的。

（三）品种特性

适应当地生态环境，抗病力和抓膘能力强，爬山爬坡和放牧采食能力强。

1. 体型外貌

颈较长，胸较宽，背腰平直。四肢健壮有力，尾瘦短且多上翘。结构匀称，体躯呈长方形。全身被以粗毛，外层为粗毛，内层为细均为稠密的绒毛与两型毛。被毛以黑色为主。头较短窄，额突出，公、母羊均有角，大部分为倒"八"字形。颌下多髯（图3-12）。

图3-12　子午岭黑山羊

2. 生产性能

（1）产绒量及绒毛品质　产绒量，成年公羊为190克，母羊为185克，羯羊为215克。绒纤维自然长度3.16厘米，绒纤维伸直长度4.77厘米，细度14微米，绝对强度4.03牛/平方厘米，伸度42.90%。

（2）产肉性能　初生公羊体重为2.22千克，母羊为2.23千克。周岁公羊体重为13.58千克，母羊为14.98千克。成年公羊体重为27.22千克，母羊为

21.26千克。

（3）繁殖性能　羔羊6月龄左右性成熟，1岁左右配种，配种时间多是在10月份左右，翌年的2～4月份产羔，产羔率为100%～105%。

（四）利用情况

子午岭山羊属地方未经系统选育品种，能产紫羔皮和紫绒，产区应制定选育计划，有目的地进行提高羊绒性能和品质的选育工作，同时也应考虑该品种羔羊生长发育快的特点，进行羔羊肉的生产。

十、沂蒙黑山羊

（一）产地

主要产于山东省沂蒙县、临朐县，分布在泰山、沂蒙山一带。

（二）品种形成

沂蒙黑山羊是在当地山区自然条件下形成的一个肉、毛、皮、绒多用型品种，属绒、毛、肉多用型羊。

（三）品种特性

具有体格大、耐粗饲、适应性强，生产性能高、体貌统一、遗传性能稳定、肉绒兼用等特点，适宜山区放牧。其羊绒质量高、光泽好、强度大、手感柔软；其肉质色泽鲜红、细嫩、味道鲜美、膻味小，是理想的高蛋白、低脂肪、富含多种氨基酸的营养保健食品。

1. 体型外貌

头短额宽、眼大、颌下有髯；公母羊均有角，公羊角粗长，向后上方扭曲伸展，母羊角短小，背腰平直；胸深肋圆，体躯粗壮，四肢健壮有力，尾短上翘，被毛以黑色为主。

2. 生产性能

（1）产绒量及绒毛品质　公羊产绒量242.52克，母羊168.69克。绒纤维自然长度，公羊4.04厘米，母羊3.07厘米。羊绒细度，母羊14.89微米，公羊16.23微米；绝对强度，母羊3.77牛/平方厘米，公羊5.10牛/平方厘米；伸度，公羊35.25%，母羊29.78%。净绒率，公羊69.56%，母羊61.35%。

（2）产肉性能　初生公羔体重1.86千克，母羔体重1.42千克；周岁公羊体重20.88千克，母羊18.09千克；成年公羊体重40.48千克，母羊32.52千克。成年公羊屠宰活重47.87千克，胴体重24.07千克，屠宰率49.66%，净肉率39.15%。

（3）繁殖性能　繁殖性能强，生后6~7个月龄可达性成熟。一般母羊初配年龄，春羔7~8个月龄，秋羔1周岁。配种集中在8~10月份，产羔率为109.5%。

（四）利用情况

为了提高沂蒙黑山羊的产绒性能，在进行本品种选育的同时，还引进辽宁绒山羊和内蒙古绒山羊进行了杂交改良，随着代数的增加，产绒量也在提高。

十一、牙山黑绒山羊

（一）产地

山东省栖霞县牙山一带发现的一个品种类群场地。

（二）品种形成

由当地农民精心饲养和选育形成的绒、肉兼用型品种。

（三）品种特性

属绒肉兼用品种，具有产紫绒量高、绒质好、抗病力强、耐粗饲、易管理等特性。

1. 体型外貌

体质健壮，结构匀称，胸宽深，背腰平直，臀部方圆，四肢端正，蹄坚实，尾短，尾尖上翘。公母羊均有角，半数以上羊呈白耳、白鼻，体格大，被毛黑色。

2. 生产性能

（1）产绒量及绒毛品质　成年公羊体重47.81千克，母羊44.80千克。产绒量，成年公羊640.5克，优秀个体最高产绒量735克。绒纤维自然长度5.57厘米，绒纤维细度14~16微米。

（2）产肉性能　成年羊屠宰率为45.15%，净肉率为35.45%，肉色鲜红，肉质细嫩、膻味小。

（3）繁殖性能　性成熟早，一般是5月龄，多在秋季配种，春季产羔，多数产单羔，产羔率为110%。

（四）利用情况

巩固选育成果，有计划地扩大群体数量。

十二、西藏山羊

（一）产地

产于青藏高原地区。共计有羊725.3余万只，其中西藏占总数的75.83%，四川占17.14%，青海占5.65%，甘肃占1.38%。

（二）品种形成

产区自然环境和气候条件差异大。如雅鲁藏布江中下游河谷地区，气候温暖湿润，无霜期120天左右，有利于农作物的生长，是西藏主要的产粮区。农作物有青稞、小麦、油菜、豌豆、蚕豆等。雅鲁藏布江、怒江、澜沧江流域，由于印度洋暖流沿江而上，降水较多，气候较湿润，但因地形复杂，山高谷深，植物垂直变化显著，是农林牧综合发展的地区。藏北高原，几乎没有无霜期，农作物不能成熟，是西藏主要的牧区。牧草生长期有90多天，植株生长低矮，覆盖度为30%~50%，产草量低。

草场分为高山草原草场、山地草原草场、草山草地草场、山地疏林草场和高山荒漠草场等类型。土壤以山地草原土、高山草甸土和沼泽土为主，土质瘠薄。牧草有禾本科、莎草科、杂类草及各种灌木丛等。

西藏山羊是藏族人民长期生活在气候寒冷、温差很大的高寒地区，为解决生产和生活上对毛、皮、肉、奶的需要，经长期饲养和选择而形成的。

（三）品种特性

西藏山羊是高原、高寒地区的一个古老品种，对高寒牧区的生态环境有较强的适应能力。

1. 体型外貌

西藏山羊体小，体质结实，体躯结构匀称。额宽，耳较大，鼻梁平直。公、母羊均有角，公羊角型很不一致，主要有两种，一种呈倒"八"字，另一种向外扭曲伸展；母羊角较细，多向两侧扭曲。公、母羊均有额毛和髯。颈细长。背腰平直，前胸发达，胸部深广，肋骨拱张良好，腹大而不下垂。毛色较杂，有白色、全黑、青色、褐色（图3-13、图3-14）。

2. 生产性能

（1）产绒量及绒毛品质　成年公羊体重 24.0 千克，母羊 21.6 千克；周岁公羊体重 12.2 千克，母羊 10.4 千克。产绒量，成年公羊 211.8 克，母羊 183.8 克；剪粗毛，公羊 418.3 克，母羊 329.0 克。绒纤维自然长度公羊 5.55 厘米，母羊 5.23 厘米；绒纤维细度，公羊 15.32 微米，母羊 16.02 微米。

（2）产肉性能　成年母羊屠宰前体重 21.9 千克，胴体重 8.3 千克，屠宰率 43.78%。羯羊屠宰率可达 48.31%。

（3）繁殖性能　一般在 4~6 月龄性成熟，8~9 月龄可发情配种。较冷的地区性成熟较晚，多数为 1~1.5 岁配种。母羊发情集中在秋季。产羔率一般在 110%。

图3-13　西藏山羊公羊　　　　　　图3-14　西藏山羊母羊

（四）利用情况

西藏山羊属古老品种群，个体小，生产性能低，类型及毛色差异大。应开展有计划、有目的的选育工作，培育适应高原牧区条件、被毛纯白、绒纤维细长、产量高的白绒山羊品种。

十三、中卫山羊

（一）产地

产于宁夏的中卫、中宁、同心、海原，甘肃中部的皋兰、会宁等县及内蒙古阿拉善左旗。裘皮品质驰名世界。

（二）品种形成

中卫山羊形成历史较久。据史籍记载，中心产区的香山，早在明洪武 34 年曾受封为庆王的马场，饲养大量羊只、马匹。

产区属典型的大陆性气候，风沙大，尤以春季为甚。地形较复杂，多为山地丘陵，地表沟壑纵横，起伏不平，属于半荒漠地带。海拔为1 200～2 000米。年平均气温为8℃左右，1月份平均为-8.3℃，极端最低气温为-29℃，7月份平均气温为22.5℃，极端最高气温为39.1℃，年降水量平均为190.7毫米，集中在6～9月份，年蒸发量为1 800～3 565毫米，为年降水量的10倍。

产区农业生产条件差异很大，可分为河流区、川旱区和山塬区3种不同类型地带。川旱区水源贫乏，气候干旱，为中卫山羊的主要分布区，羊只质量好。

中卫山羊长期生长在气候多变、干旱缺水而植被稀疏的半荒漠草原，终年靠放牧，采食耐旱耐碱的牧草为生，经过当地农民长期的选择，终于形成一个独特的山羊品种。

（三）品种特性

具有耐粗饲、耐湿热、对恶劣环境条件适应性好、抗病力强、耐渴性强的特点。有饮咸水、吃咸草的习惯。

1. 体型外貌

中等体型，体躯短、深，近似方形。背腰平直，体躯各部结合良好，四肢端正，蹄质结实。成年羊头部清秀，面部平直，额部丛生一束长毛，颌下有长须，公、母山羊均有角，呈镰刀形。被毛以纯白色为主，也有少数全黑色（图3-15、图3-16）。

图3-15　中卫山羊公羊　　　　图3-16　中卫山羊母羊

2. 生产性能

（1）产绒量及绒毛品质　成年公羊体重为 54.25 千克，母羊 37 千克。成年公羊抓绒量 164～240 克，母羊 140～190 克。绒纤维长度 6.5 厘米，细度 14 微米，伸度 39%。剪毛量低，公羊平均 400 克，母羊 300 克，毛长 14.5～18 厘米，具有马海毛的特征。

（2）产肉性能　中卫山羊肉味美、膻味小，以宰剥二毛皮的羔羊肉质尤佳。二毛羔羊平均屠宰率为 50%，成年羯羊平均屠宰率为 45%。

（3）繁殖性能　中卫山羊 6 月龄左右达到性成熟，1.5 岁配种，发情周期 14～16 天。发情季节为 7～9 月份，在自然交配情况下，母羊以产冬羔为主。产羔率为 103%。

（四）利用情况

引入到西北、东北、华南、西南等广大地区。用它来改良当地山羊，都能将毛色、花穗、弯曲遗传给后代。

十四、吕梁黑山羊

（一）产地

产于山西省西部黄土高原的吕梁山区一带。

（二）品种形成

吕梁黑山羊的形成，追溯其历史，一些县志虽有羊的记载，但其来源与形成过程，都无据可查。吕梁黑山羊的形成与当地的农业生产、人民生活以及生态条件的长期作用是紧密相关的。

农业生产对肥料的需要。吕梁地区地广人稀，土壤瘠薄，水土流失严重，需要大量有机肥料改良土壤，提高肥力，增加农作物产量。羊粪尿肥效高，持久。群众历来就有养羊积肥的习惯，羊粪已成为山区农业生产的主要肥料来源。

羊肉是山区人民的主要肉食。吕梁山区气候较冷，羊肉是热性滋补食品，当地群众喜欢吃羊肉，绝大多数农户都养有山羊，逢年过节家家户户屠宰羊只。

生态环境条件的长期作用。晋西黄土高原吕梁山区，沟壑纵横，梁峁林立，沟深坡陡，气候干燥，植被稀疏，而灌木丛生，其他草食家畜难以利用，唯独山羊在此条件下，不但能够适应和生存，而且发展迅速。可见生态条件对吕梁黑山羊的形成和发展起主导作用。

（三）品种特性

1. 外貌特性

被毛呈黑色，分两层，外层为长粗毛，分黑羊型和青背型两种，以黑羊型为主（图3-17、图3-18）。

图3-17　吕梁黑山羊公羊　　　　　图3-18　吕梁黑山羊母羊

2. 生产性能

（1）产绒量及绒毛品质　产绒毛量：成年公羊剪毛量为433克，绒量为9.4克，母羊为234克和77克。绒毛细度为14微米（80支），绒毛长为2.78厘米。

（2）产肉性能　成年公羊体重为26.4千克，母羊为28.8千克，周岁公羊为16千克，母羊为14千克。

屠宰率：成年羯羊平均为52.6%，当年羯羊为45.8%。

（3）繁殖性能　吕梁黑山羊的性成熟一般在5～6月龄，但是比较适宜的繁殖年龄，公母羊在1.5岁为宜。母羊发情周期在17～21天，多在秋季配种，产羔率94%～105%。

（四）利用情况

吕梁黑山羊的发展方向以肉、绒为主，引进良种进行杂交改良，提高肉、绒生产性能，特别要重视提高早熟性。

十五、济宁青山羊

（一）产地

济宁青山羊产于山东省西南部，主要分布在山东省菏泽和济宁地区。

（二）品种形成

产区属温带大陆性季风气候，地形除梁山、巨野、嘉祥有零星山丘外，均为黄河冲积平原及湖洼地。地势西高东低，略有起伏，海拔为50米左右。境内河流、湖泊多。土壤为黏土、沙土和碱土。

产区春、秋季短，冬夏季长，四季分明。年平均气温为13.2～14.1℃，极端最高气温为42℃，极端最低气温为-21.8℃，年平均相对湿度为68%，年降水量650～820毫米，多集中在6～8月份，最大积雪深度为13～19厘米，无霜期为200～206天。

农作物主要有小麦、大豆、玉米、高粱、谷子、棉花、花生等。林木有杨树、柳树、榆树、桐树等，另外还有柳条、蜡条和柽柳。产区地势平坦，气候温和，雨量适中，无霜期长，农林副产品充足，为饲养济宁青山羊创造了良好条件。

济宁青山羊是山东省鲁西南地区劳动人民长期选育而成的一个羔皮用山羊品种。

（三）品种特性

具有生长快、多胎性能好的特性，是中国独具特色的羔皮用山羊品种。

1. 外貌特征

济宁青山羊体格小，结构匀称。头大小适中，有旋毛和淡青色白章，公、母羊均有角，公羊角一般长17厘米左右，向上略向后方伸展，母羊角细短，长12厘米左右，向上略向外伸展，两耳向前外方伸展。公羊颈短粗，前胸发达，背腰平直，四肢粗壮，前肢比后肢略高；母羊颈细长，前胸略窄，后躯宽深，背腰平直，腹围大，后肢比前肢略高。公、母羊尾小，向上前方翘起。被毛由黑白两色组成，背、唇、角、蹄均为青色，前面的膝盖为黑色（图3-19、图3-20）。

2. 生产性能

（1）产绒量及绒毛品质　成年公羊体重为29～30千克，母羊为22～26

千克；1岁公羊为18.7千克，母羊为14.4千克。成年母羊春末夏初可抓绒30～100克，绒长3～4厘米，绒毛细度12.8微米。屠宰率成年羊为57%。

（2）产肉性能 成年羯羊和母羊屠宰率分别为56.53%和51.69%。

（3）繁殖性能 济宁青山羊性成熟早，初情期一般在生后2～3月龄，公羔比母羔性成熟略早。常年发情。春、秋季节旺盛，发情周期为15～17天，发情持续期为1～2天，母羊初配年龄多为6月龄。公羊配种年龄比母羊迟些，母羊年产两胎或两年产3胎。母羊可繁殖5～6年，产羔率可达293.65%。

图3-19 济宁青山羊公羊　　　　　图3-20 济宁青山羊母羊

（四）利用情况

济宁青山羊性成熟早，繁殖率高，遗传性稳定，适应性强，耐粗饲，性温驯易管理。为了保存济宁青山羊这一优良品种资源，应加强本品种选育工作，除保持性成熟早、繁殖率高的优良特性外，应着重提高羔皮质量。

十六、阳城白山羊

（一）产地

白山羊品种的主要产区是在太行、太岳、中条三大山脉交界处的阳城、沁水、垣曲三县，地处太行、太岳和中条三大山脉之间，沁河流贯其间。

（二）品种形成

白山羊产区地广人稀，土地瘠薄，丘陵山区交通不便，运输困难，一般农家肥料不能满足当地农民生产需要。而羊粪尿，肥效持久，保温保墒，而且可以踩圈、卧地，把肥料直接积在农田地畔，减少送粪担挑劳力。

丘陵山区，气候较冷，羊肉营养丰富，含热量大，秋冬季节，羊肉大量上市，是当地的重要肉食来源。山羊毛皮，绒少毛稀，皮板柔软质轻，适合制作防寒的被服原料。过去当地群众形容山羊皮是"白天能穿戴，黑夜顶铺盖，各人有一件，不怕冷天气"。

白山羊产区，山峦起伏，沟壑纵横，坡陡沟深，灌木丛生，其他家畜难以利用而很适合放牧山羊。部分羊群冬季到平川农区或河南农村，住圈积肥，补饲过冬，山川结合，移畜就草。由于省草省料成本低，耐渴耐饿好管理，在自然选择，适者生存的竞争下，白山羊逐渐发展起来。

（三）品种特性

1. 体型外貌

阳城白山羊体格健壮，结构匀称，头大小适中，前额中央有菊花状头大鬃，背腰平直，四肢健壮，全身被毛为白色，公母羊多数有角，少数母羊呈现小角或无角（图3-21、图3-22）。

图3-21　阳城白山羊公羊　　　　图3-22　阳城白山羊母羊

2. 生产性能

（1）产绒量及绒毛品质　阳城白山羊绒、毛产量不高，尤其是羊绒产量仅30～50克，需要改良提高。成年公羊体重38.9千克，母羊为56.5千克。成年公羊年抓绒量48.8克，剪毛量350克，成年母羊抓绒量42克，剪毛量280克。绒毛均为白色，羊绒质地柔软，适于纺织，羊毛质地粗硬，可制毡、毯和绳索等物。

（2）产肉性能　阳城白山羊的屠宰率、净肉率与国内同类型山羊相比，是比较高的。同时，肉质细嫩、膻味较小。

（3）繁殖性能　阳城白山羊4～6月龄性成熟，母羊发情持续期20～40小时。白山羊发情季节主要在秋季，配种年龄不一，一般在两岁半，产羔率可达103%～105%。

（四）利用情况

建议引入安哥拉山羊等优良山羊品种，进行杂交试验，同时进行本品种选育，向毛肉兼用或绒肉兼用方向发展，以提高其经济价值，把阳城、沁水和垣曲三县划为白山羊基地，合理利用这一自然资源。

第二节　国外主要绒山羊品种

一、奥伦堡山羊

1. 产地

俄罗斯的奥伦堡及哈萨克斯坦的乌拉尔斯克与阿克纠宾斯克等地。

2. 外貌特征

头较小，脸部微凹，公母羊均有角，公羊角粗大，后躯较高，体质结实，四肢粗短，被毛大部分是黑色，次为灰色、褐色及杂色。

3. 生产性能

（1）产绒量及绒毛品质　成年公羊体重86.5千克，母羊47.8千克。产绒量，成年公羊527克，母羊367克；绒纤维自然长度，成年公羊6.0厘米，母羊5.5厘米；绒纤维细度，成年公羊16.7微米，母羊15.9微米；其绒毛属于紫绒类。

（2）繁殖性能　繁殖力高，产羔率为130%～140%。

二、顿河山羊

1. 产地

俄罗斯的伏尔加格勒、沃罗涅日、罗斯托夫等州。

2. 外貌特征

体格不大，体质强壮，体型结构圆形，角大，但无固定角形，公羊颌下有髯，胸部、颈部及背部有粗毛。被毛主要为黑色，有少数白色，被毛的毛色随季节变化可以变化。

3. 生产性能

（1）产绒量及绒毛品质　成年公羊体重 70 千克，母羊 36 千克。产绒量，成年公羊 1 015 克，母羊 500 克。绒毛长度长于粗刚毛，绒毛长度为 9.8 厘米，而粗刚毛为 5.2 厘米。绒纤维细度为 22 微米。

（2）繁殖性能　产羔率为 145%～150%。

三、阿尔泰山地山羊

1. 产地

俄罗斯阿尔泰地区。

2. 外貌特征

体格中等，体质结实，头中等大小，公、母羊均有角，向上向后伸展，公、母羊颌下有髯，背平直，四肢粗短，被毛黑色。

3. 生产性能

（1）产绒量及绒毛品质　成年公羊体重 65～70 千克，母羊 41～44 千克。产绒量，成年公羊 600～900 克，母羊 450～600 克。绒纤维长度 7.5～10 厘米，绒纤维细度 16～17 微米。

（2）繁殖性能　繁殖力高，双羔率达 30%～40%。

第四章　绒山羊的饲料生产与加工

第一节　绒山羊的营养需要

一、绒山羊的消化机能特点

绒山羊是反刍动物，具有4个胃：第一胃称瘤胃，其容积占复胃全容量的78%；第二胃称网胃，内壁分隔为许多网格，其机能与瘤胃相似；第三胃称重瓣胃，内壁有纵列褶膜，对食物起机械压榨作用；第四胃称皱胃，又名真胃，能分泌胃液（胃蛋白酶和盐酸），对食物进行消化。前三胃由于没有腺体组织，总称前胃（图4-1）。

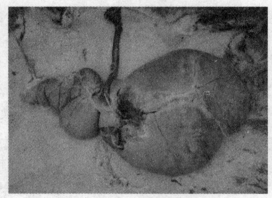

图4-1　羊的胃

瘤胃内生存有大量有益细菌和纤毛原虫，每克内容物有500亿～1 000亿细菌，每毫升瘤胃液中含有300万左右的纤毛原虫。这些微生物的作用概括为如下三点：①分解饲草中的粗纤维。羊依靠细菌的纤维水解酶消化粗纤维达50%～80%。粗纤维被分解变成挥发性脂肪酸为瘤胃壁吸收，送入肝脏，参加中间代谢，成为能量的来源。②合成菌体蛋白质。饲料中的蛋白质，经瘤胃细菌的活动分解为肽、氨基酸和氨，瘤胃微生物利用这些分解后的产物合成细菌蛋白质。由于共生微生物的作用，还能将非蛋白氮转变为细菌蛋白质。据测定，从瘤胃转移到真胃的蛋白质约有82%属于菌体蛋白。经过转化合成的菌体蛋白含有各种必需氨基酸，相对比例合适，符合羊体生理需要，所以菌体蛋白的生物学价值很高。③依靠微生物的作用可以合成维生素 B_1、维生素 B_2、维生素 B_{12} 和维生素 K。

初生羔羊前3胃尚不发达，没有形成胃肠道的微生物区系，也不能合成维生素，不能采食和利用草料，其生长所需的营养物质只能靠母乳供给，母乳直接进入真胃被消化吸收。因此，对羔羊的饲养应强调补饲质量高的蛋白质饲料。

羊的消化道特点，除具有复胃外，还有小肠特别长，30米左右。小肠是羊消化吸收的主要器官，细长而弯弯曲曲的羊肠小道增强了消化吸收的功能。酸性的胃内容物进入小肠后，经过各种消化液（肠液和胰液）的化学性消化作用，分解为各种营养物质而被吸收。未被消化的物质被小肠的蠕动推进到大肠，尚可在大肠微生物和由小肠液带入大肠内的各种酶的作用下继续分解、消化和吸收，剩余残渣形成粪便而排出体外（图4-2）。

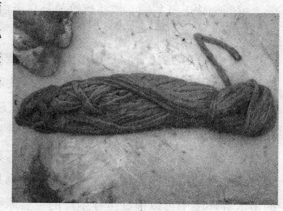

图4-2　羊的小肠

羊的反刍特点：反刍行为是由于粗糙的食物刺激了网胃、瘤胃前庭和食管沟的黏膜，经复杂的神经反射，产生逆呕，将食物返回到口腔，重复咀嚼、混合唾液和再吞咽的过程。一般情况下，食入饲料后1~2小时出现反刍，每次反刍平均持续期1个小时左右。反刍的次数与饲料种类有关，吃粗料的反刍次数比吃精料时多。1昼夜反刍总时间6~7小时。通常在安静休息时，产生反刍，不良的外来刺激可导致反刍中止，反刍一旦长期停止，食物被滞留在瘤胃内，往往会因发酵产生的大量气体，致使瘤胃膨胀。尚未吃草的吮乳羔羊没有反刍行为，食入的乳直接进入真胃。

二、绒山羊所需的营养物质

绒山羊所需的营养物质包括蛋白质、碳水化合物、脂肪、无机盐、维生素和水分等，这6类营养物质除水分外，其余皆需从草料中获取。

1. 蛋白质

蛋白质是由氨基酸组成的含氮化合物，是羊体各种细胞的主要构成物质，是组织生长和修复的重要原料。羊和单胃动物相比，对蛋白质品质要求不甚严格，除正在生长发育的幼羊和母羊繁殖期间外，平时对日粮中必需氨基酸的需求不太突出。作为反刍家畜，能将食入的纤维素在瘤胃微生物的作用下分解转变为各种营养物质，并能合成必需氨基酸。因此，在放牧吃青草时，一般不缺乏必需氨基酸，枯草期的冬、春季节，饲草料中蛋白质的含量低，可能会缺乏氨基酸，应注意给羊补充蛋白质饲料。

2. 碳水化合物

饲料中的碳水化合物是供羊维持和生产的主要能源物质，由粗纤维和无氮浸出物组成。羊得不到足够的碳水化合物时，就要运用体内的脂肪甚至蛋白质来供应热能，这时羊就会消瘦，不能正常生产和繁殖。相反，当碳水化合物过剩时，就形成脂肪蓄积于体内，羊就长的肥胖，80%~85%的可消化碳水化合物在瘤胃中分解。虽然粗纤维的营养价值很低，但对羊却很重要，羊对纤维素的消化能力比其他家畜强，这也是羊在荒漠、半荒漠、灌木丛生的山区等环境中可以很好生存生产的主要原因。绒山羊日粮中粗纤维的最适宜水平为20%。

3. 脂肪

饲料中的脂肪也是供给羊热能的一个来源，它的产热量是同量蛋白质和碳水化合物的2.25倍。脂肪是山羊体组织的重要成分。山羊的日粮中一般不缺乏脂肪。

4. 矿物质

磷的需要量较大。特别需要指出，硫是构成山羊绒毛不可缺少的营养素，足够的硫对于提高绒毛产品的质量具有主要的作用。缺硫时，可发生涎过多、虚弱、食欲不振、消瘦、绒毛枯黄等现象。据研究，绒山羊日粮硫的适宜水平为0.20%~0.23%DM。补充硫元素可用各种蛋白质饲料和含硫添加剂。可以满足对硫的需求。钴是羊瘤胃微生物合成维生素B_{12}的原料，正常情况下每日需钴0.1~1毫克。

5. 维生素

维生素对羊体的健康、生长发育和繁殖有重要作用。饲草中缺乏维生素会引起疾病，如缺乏维生素A，会阻碍羊的生长，使羊的繁殖率降低，母羊不孕或流产，常发夜盲症。缺乏维生素D影响对钙、磷的吸收，引起佝偻病。羊瘤胃内的微生物可合成维生素B_1、维生素B_2、维生素B_{12}和维生素K，因此，饲养中不必考虑此类维生素的补充。通常在饲养标准中只标出了维生素A、维生素D和维生素E的需要量，单位是国际单位。只要喂给足够数量的青干草、青贮或青绿饲料，羊所需要的各种维生素均能得到满足。

6. 水

水对人、畜都是不可缺少的重要营养物质。为羊提供充足、卫生的饮水，是羊只保健的重要环节。水是各种营养物质的溶剂，因而是营养物质的消化、吸收、运输、排泄以及体内各种生理生化过程、调节体温、维持组织器官机能和形态的必要物质。

三、绒山羊的营养需要

1. 维持生命的营养需要

维持需要是指在仅满足羊的基本生命活动（呼吸、消化、体液循环、体温调节等）的情况下，羊对各种营养物质的需要。羊的维持需要得不到满足，就会动用体内贮存的养分来弥补亏损，导致体重下降和体质衰弱等不良后果。只有当日粮中的能量和蛋白质等营养物质超出羊的维持需要时，羊才具有一定的生产能力。干乳空怀的母羊和非配种季节的成年公羊，大都处于维持饲养状态，对营养水平要求不高。山羊的维持需要，与同体重的绵羊相似或略低。

蛋白质在维持需要中占有重要地位。山羊每100千克体重维持需要可消化蛋白质80克/日。

维生素A、维生素D及钙、磷都是维持需要所必需的，如果缺乏这些营养，就不能维持体内组织器官的正常活动。50千克活重的空怀成年母羊，每天约需要维生素A 4 400国际单位，维生素D 600国际单位，还需要从饲料中吸收钙3.5克、磷2.5克。表4-1列出了绒山羊维持饲养的营养需要量。

表4-1　绒山羊维持饲养的营养需求量

体重 （千克）	净能 （兆焦/日）	可消化粗蛋白质 （克/日）	钙 （克/日）	磷 （克/日）
40	4.44	32	3.0	2.0
50	5.16	40	3.5	2.5
60	5.89	48	4.0	3.0
70	6.61	56	4.5	3.5

2. 胚胎发育期的营养需要

绒山羊多数为一胎单羔，少数双羔或三羔。羔羊初生重的80%～90%是在母羊的妊娠后期发育的，故此阶段需要足够的营养物质。山羊在妊娠最后两个月，热能代谢水平比空怀期提高60%～80%，蛋白质需求量增加150%，钙的需求量增加120%～180%，磷的需求量增加40%～70%，且钙、磷比例以2∶1为适宜。足够量的维生素A、维生素D也是妊娠期不可缺少的。绒山羊妊娠后期营养需求量见表4-2。

表4-2　绒山羊妊娠后期的营养供给量

体重 （千克）	净能 （兆焦/日）	可消化粗蛋白质 （克/日）	钙 （克/日）	磷 （克/日）
40	7.91	85	9.0	3.5
50	8.63	103	9.5	4.0
60	9.35	120	10.0	4.5
70	10.80	138	10.5	5.0

3. 泌乳期的营养需要

羔羊出生后，主要靠母乳提供营养物质。泌乳母羊的营养需求与哺乳羔羊的生长发育有直接关系，对于哺乳单羔的母羊，其营养需求与妊娠后期相近，当哺乳双羔时，净能需求比妊娠后期增加40%，可消化粗蛋白质增加50%～60%，钙增加50%，磷增加35%。现将成年母山羊和初产母山羊泌乳期的营养需要量分别列于表4-3和表4-4。

表4-3　成年母山羊泌乳期的营养需要量

泌乳 量	体重 （千克）	干物质采食 量（千克）	代谢能 （兆焦/日）	可消化粗 蛋白质 （克/日）	钙 （克/日）	磷 （克/日）	食盐 （克/日）
泌	30	1.10	10.87	94	6.0	4.10	13
乳	35	1.20	12.41	101	6.0	4.10	13
1	40	1.29	14.17	111	6.0	4.10	13
千	45	1.38	15.93	121	6.0	4.10	13
克	50	1.47	17.68	131	6.0	4.10	13
泌	30	1.25	16.30	120	7.5	5.15	13
乳	35	1.35	18.60	127	7.5	5.15	13
1.5	40	1.44	21.28	137	7.5	5.15	13
千	45	1.53	23.87	147	7.5	5.15	13
克	50	1.62	26.54	157	7.5	5.15	13

泌乳量	体重（千克）	干物质采食量（千克）	代谢能（兆焦/日）	可消化粗蛋白质（克/日）	钙（克/日）	磷（克/日）	食盐（克/日）
泌	30	1.40	21.74	145	9.0	6.20	13
乳	35	1.50	24.83	152	9.0	6.20	13
2.0	40	1.60	28.34	162	9.0	6.20	13
千	45	1.69	31.77	172	9.0	6.20	13
克	50	1.78	35.36	182	9.0	6.20	13

表4-4　初产母山羊泌乳期的营养需要量

泌乳量	体重（千克）	干物质采食量（千克）	代谢能（兆焦/日）	可消化粗蛋白质（克/日）	钙（克/日）	磷（克/日）	食盐（克/日）
泌乳1千克	30	1.21	23.59	118	7.50	5.13	16.25
	35	1.32	15.51	126	7.50	5.13	16.25
	40	1.42	17.72	139	7.50	5.13	16.25
泌乳1.5千克	30	1.38	20.40	149	9.38	6.44	16.25
	35	1.48	23.28	158	9.38	6.44	16.25
	40	1.59	26.58	171	9.38	6.44	16.25

4. 种公羊的营养需要

为保持种公羊健康、精力充沛，使其在配种期间性欲旺盛、配种能力强、射精量高、精液品质好，应提供较高水平的营养，以充分发挥种公羊的作用。种公羊的日粮中，要有足量优质的蛋白质、维生素A、维生素D及无机盐。现将种公羊的营养需要量列于表4-5。

表4-5　种公羊的营养需要量

时期	体重（千克）	干物质采食量（千克）	代谢能（兆焦/日）	可消化粗蛋白质（克/日）	钙（克/日）	磷（克/日）	食盐（克/日）
非	55	1.33	7.12	80	8	4	12
配	65	1.47	8.82	100	8	4	12
种	75	1.61	10.66	120	9	5	12
期	85	1.75	12.41	140	9	5	12

第四章　绒山羊的饲料生产与加工

（续表）

时期	体重（千克）	干物质采食量（千克）	代谢能（兆焦/日）	可消化粗蛋白质（克/日）	钙（克/日）	磷（克/日）	食盐（克/日）
配种期	55	1.59	13.29	160	9	6	15
	65	1.76	13.79	180	9	6	15
	75	1.93	15.05	200	10	7	15
	85	2.10	16.01	200	10	7	15

第二节　绒山羊的饲料

绒山羊的饲料种类极为广泛，在各种植物中，山羊最喜欢采食比较脆硬的植物茎叶，如灌木枝条、树叶、块根、块茎等。树枝、树叶可占其采食量的1/3～1/2。灌木丛生、杂草繁茂的丘陵、沟坡是放牧绒山羊的理想地方。

山羊的饲料按来源可分为青绿饲料、粗饲料、多汁饲料、精饲料、无机盐饲料、特种饲料等。

一、青绿饲料

青绿饲料水分多（75%～90%），体积大，粗纤维含量少，含有易吸收的蛋白质、维生素，无机盐也很丰富，是成本低、适口性好、营养较完善的饲料。

青杂草种类很多，产量较低，其营养价值取决于气候、土壤、植物种类、收割时间。

青绿牧草是专门栽培的牧草，产量高、适口性好、营养价值高。

青割饲料是指把杂粮作物如玉米、大麦、豌豆等密植，在籽实未成熟之前收割下来，饲喂山羊，总营养价值比收获籽实后收割的高出70%。

青树叶包括一些灌木、乔木的叶子如榆、杨、刺槐、桑、白杨等

图4-3　树叶

树叶，蛋白质和胡萝卜素丰富，水分和粗纤维含量较低（图4-3）。

二、粗饲料

粗饲料是山羊冬、春季主要食物，包括各种青干草，作物秸秆、秕壳。特点是体积大、水分少、粗纤维多，可消化营养少，适口性差。

1. 青干草

包括豆科干草、禾本科干草和野干草，以豆科青干草品质最好。禾本科牧草在抽穗期，豆科牧草在花蕾形成期收割，叶子不易脱落，并含有较多的蛋白质、维生素和无机盐。经2~3个晴天，可晾晒成质量较好的青干草，中间遇雨草会变黄或发霉，质量下降。青干草应存放在干燥地方，防止雨淋变质。

2. 秸秆和秕壳

各种农作物收获过种子后，剩余的秸秆、茎蔓等。有玉米秸、麦秸、稻草、谷草、大豆秧、黑豆秸，营养价值较低。经过粉碎、碱化、氨化和微贮等处理后，营养价值会有较大的提高。

三、多汁饲料

多汁饲料包括块根、块茎、瓜类、蔬菜、青贮等。水分含量很高，其次为碳水化合物。干物质含量很少，蛋白质少，钙微、磷少、钾多、胡萝卜素多。粗纤维含量低，适口性好，消化率高。

四、精饲料

精饲料主要是禾本科和豆科作物的籽实以及粮油加工副产品，如玉米、大麦、高粱等谷类，大豆、豌豆等豆类以及麸皮、饼类、粉渣、豆腐渣等。

精饲料具有可消化营养物质含量高、体积小、水分少、粗纤维含量低和消化率高等特点。但此类饲料由于价格高，所以常作为羊的补充饲料。如冬季羊的补饲、妊娠母羊的补饲、哺乳羔羊及羔羊育肥的补饲、配种期公母羊的补饲和病残瘦弱羊的补饲等。

五、动物性饲料

动物性饲料主要来源于畜禽和水产品的废弃物，如肉屑、骨、血、皮毛、内脏、头尾，蛋壳等，具有营养价值高、蛋白质和必需氨基酸的含量丰富、饲养成本高、有气味、细菌含量较高、不宜久存的特点，对羊来说用处不大，但由于其特殊的营养作用，是不可缺少的饲料之一。

六、无机盐及其他饲料

无机盐用来补充日粮中无机盐的不足，能加强羊的消化和神经系统的功能，主要有食盐、骨粉、贝壳粉、石灰石、磷酸钙以及各种微量元素。一般用作添加剂。食盐可以单独饲喂，其他与精料混合使用（图4-4）。

图4-4　盐砖

七、非蛋白氮饲料

非蛋白氮饲料可作为羊的蛋白质的补充来源。羊可以在瘤胃微生物的作用下利用非蛋白氮转变成菌体蛋白，提高蛋白质的品质，并在肠道消化酶的作用下和天然蛋白质一样可被羊消化利用。常用的非蛋白氮饲料有尿素、硫酸铵、碳酸氢铵、多磷酸铵、液氮等，非蛋白氮饲料是羊的一种蛋白质补充饲料，在羊的饲料中用量较少；过量使用会使羊发生中毒现象，使用时要小心。

八、维生素饲料

维生素饲料主要存在于青绿饲料中，由于羊瘤胃可以合成维生素，所以一般不需要补充维生素，但病态羊、羔羊和冬季缺乏青饲料就容易发生维生素缺乏症，因此应补充维生素饲料。

九、添加剂饲料

添加剂饲料在羊的饲料中用量较少。

第三节　饲料的营养

一、饲料的一般成分与营养特性

饲料的一般成分包括：水分、粗蛋白质、粗脂肪、粗纤维、灰分、无氮浸出物6种，在营养成分中还包括能量。其组成物质见表4-6。

表4-6 饲料中6种成分的组成物质

粗略分析成分		各种成分的组成物
	水分	水和可能存在的挥发物质
有机物	粗蛋白质	纯蛋白质、氨基酸、氧化物、硝酸盐、含氧的糖苷、糖脂质、B族维生素
	粗脂肪	油脂、油、蜡、有机物、固醇类、色素、维生素A、维生素D、维生素E、维生素K
	粗纤维	纤维素、半纤维素、木质素
	无氮浸出物	纤维素、半纤维素、木质素、单糖类、果浆糖、淀粉、果胶、有机酸类、树脂、单宁类、色素、水溶性维生素
无机物	灰分	常量元素：钙、钾、镁、钠、硫、磷、氯
		微量元素：铜、铁、锰、锌、钴、碘、硒、钼

二、各类饲料的营养特性

（一）各种牧草的营养特性

1. 豆科牧草的营养特性

豆科牧草所含的营养物质丰富、全面。特别是干物质中粗蛋白质占12%～20%，含有各种必需氨基酸，蛋白质的生物学价值高，钙、磷、胡萝卜素和维生素都较丰富。豆科牧草的青草粗纤维的含量较少，柔嫩多汁，适口性好，容易消化。无论青草还是干草都是羊最喜欢采食的牧草之一。

（1）苜蓿草 苜蓿草所属的植物在世界上共有60多种。其中具代表性的草种有紫花苜蓿、黄花苜蓿、金花菜等。紫花苜蓿的种植面积较广，适应性强、产量高、品质好、适口性好被称为苜蓿之王。苜蓿干草中含粗蛋白质为18%左右，是各类家畜的上等饲料。苜蓿为多年生植物，每年能收割2～4次，每亩可产鲜草3 000～5 000千克。人工种植的苜蓿主要用于刈割，用作青草和晒制干草。但不宜用作放牧地。若是苜蓿地用作放牧地时，一是家畜踩踏严重，牧草浪费较大。二是苜蓿中含有一种有毒物质——皂素（皂），在青饲料或放牧采青中容易使羊中毒，发生瘤胃臌气，抢救不及时会造成死亡。特别是幼嫩苜蓿，空腹放牧和雨后放牧更容易中毒，发病快，死亡率高（图4-5）。

（2）黄芪属牧草 黄芪属牧草又名紫云英属，世界上约有1 600种，其主要的代表品种有紫云英、沙打旺、百脉根、柱花草等。在中国栽培的主要有南方的紫云英、北方的沙打旺。

紫云英又名红花草，在中国的南方种植较广泛。紫云英牧草产量高，蛋白质含量丰富，且富含各种矿物质元素和维生素，鲜嫩多汁，适口性好。鲜草的产量一般为每亩1 500～2 500千克，一年可收割2~3次。现蕾期

图4-5　苜蓿草

牧草干物质中的粗蛋白质的含量很高，可达31.76%；粗纤维的含量较低只有11.82%。紫云英无论是青饲、青贮和干草都是羊较好的饲草。

沙打旺又名直立黄芪、薄地草、麻豆秧、苦草。其生长迅速，产量高，再生力强，耐干旱，适应性好，是饲料、固沙、水土保持的优良牧草品种。在中国北方地区的河北省、河南省、山东省、陕西省、山西省、吉林省等地广泛栽培。一般每亩可产鲜草2 100～3 000千克，高的可达5 000千克左右。沙打旺茎叶鲜嫩，营养丰富，干物质中粗蛋白质的含量可达14.55%。无论青饲还是青贮、干草都是羊较好的饲草。

（3）红豆草　红豆草是一个古老的栽培品种，在中国许多地方都有种植，具有产草量高、适口性好、抗寒耐旱和营养价值高的特点。饲喂牛羊不会产生臌胀病，饲喂安全，是羊喜食的牧草品种。红豆草为多年生牧草，寿命为7～8年，为种子繁殖。产草高峰在第二年至第四年。在合理的栽培管理下可维持6～7年的高产。有关资料表明，红豆草第一年至第七

图4-6　红豆草

年每亩的产量分别为 1 633.4 千克、2 865 千克、3 666.8 千克、3 444.2千克、3 133.4 千克、2 700.1 千克和 1 667.5 千克，每年刈割三次。粗蛋白质的含量为 14.45%～24.75%，无氮浸出物的含量为 37.58%～46.01%，钙的含量较高，为 1.63%～2.36%（图4-6）。

2. 禾本科牧草的营养特性

禾本科牧草种类很多，是羊的主要采食的牧草。因其分布广，在所有牧草中占的比重有非常重要的位置，如粗蛋白质含量低；但良好的禾本科牧草营养价值往往不亚于豆科牧草，富含精氨酸、谷氨酸、赖氨酸、聚果糖、葡萄糖、果糖、蔗糖等，胡萝卜素含量亦高。

（1）黑麦草　黑麦草在世界上有20多种，其中，有经济价值的为多年生黑麦草和一年生黑麦草。黑麦草在中国南方各地试种情况良好，在中国北方也有种植。黑麦草生长快，分蘖多，繁殖力强，刈割后再生能力强、耐牧，茎叶柔嫩光滑，适口性好，营养价值高，是羊较好的饲草。黑麦草喜湿润性气候，易在夏季凉爽、冬季不过于寒冷的地方栽培，一般年降水量在 500～1 000 毫米的地区均可种植，每亩的播种量为 1～1.5 千克。黑麦草的产量较高，春播当年可刈割 1 次，翌年盛夏可刈割 2～3 次，每亩总产量为 4 000～5 000 千克，在土壤条件好的牧地可产鲜草 7 500 千克以上。用黑麦草喂羊时应在抽穗前刈割，前期干物质中的粗蛋白质的含量为 15.3%，粗纤维的含量为 24.6%。利用期推迟，干物质中的粗蛋白质减少，粗纤维含量增加，消化率下降，饲用价值降低。在中国中部及北部一年一熟的农业种植地区可推行以黑麦草—大豆，黑麦草—玉米，黑麦草—油葵等种植制度，这样不仅可以解决羊春季的饲草，还可以实现一年两熟制，提高农田单位面积的生物总产量。

（2）无芒雀麦　无芒雀麦又名雀麦、无芒麦、禾萱草，为世界最重要的禾本科牧草之一，在中国的东北、西北、华北等地均有分布。无芒雀麦是一种适应性广、生命力强、适口性好、饲用价值高的牧草，也是一种极好的水土保持植物，并耐旱，为禾本科牧草中抗旱最强的一种牧草。无芒雀麦属多年生牧草，有地下茎，能形成絮结草皮，耐践踏，再生力又强，刈、牧均宜，是建立打草场和放牧场的优良牧草。无芒雀麦春季生长早，秋季生长时间长，可供放牧时间长，采用轮牧较连续放牧对草地的利用效果要好。无芒雀麦每亩的播种量为1～2千克，每年可收割两次，每亩可产青草3 000千克。在营养生长期干物质中粗蛋白质的含量为20.4%，抽穗期的粗蛋白质含量为14%；种子成熟期的粗蛋白质含量较低为5.3%（图4-7）。

图4-7　无芒雀麦

（3）羊草　羊草又名碱草，是中国北方草原地区分布很广的一种优良牧草。在东北、内蒙古高原、黄土高原的一些地方，羊草多为群落的优势种或建群种。羊草由于适应性强、饲用价值高、容易栽培、抗寒耐旱耐盐碱、耐践踏，是中国重点推广的优良牧草品种。它既行有性繁殖，又行无性繁殖，有性繁殖靠种子播种每亩播种量为2.5～3.5千克。无性繁殖靠根茎的伸长的新芽，由芽长成新株，形成大片密集群丛。羊草主要供放牧和割草用。晒制的干草品质优良，干物质中粗蛋白质的含量为13.53%～18.53%，无氮浸出物为22.64%～44.49%，是冬季很好的饲草，干草的产量因条件不同差别很大，在肥水充足，管理良好的条件下，每亩可产干草250～300千克，最高的可达500千克（鲜草1 700～2 000千克）。

（4）披碱草　披碱草又名野麦草，广泛分布于中国的东北、西北和华北等地区，成为草原植被中重要组成部分，有时出现单纯的植被群落，是中国主要的禾本科牧草品种之一。具有适应性强、抗旱、耐寒、耐瘠、耐碱、耐涝等特点。披碱草为多年生植物，利用期为4～5年，其中以第二年、第三年长势最好，产量最高；第四年以后的生长逐渐衰退，产量下降。披碱草在春夏秋冬都能播种，播种前需将种子脱芒，每亩的播种量为1～2千克。披碱草可供放牧和刈割晒制干草，每年割1～2次，每亩可产干草200～300千克，干草中粗蛋白质的含量为7.45%，无氮浸出物为33.79%。

（5）象草　象草又名紫狼尾草，是一种高秆牧草品种，株高可达2米以上，是中国南方主要种植的牧草品种之一，象草具有产量高、管理粗放、利用期长、适口性好的特点，是羊青饲料的主要来源之一。象草的生长期为3～4年，生长期长，刈割次数多，在生长旺季，每隔20～30天刈割1次。一般每亩可产鲜草1 500～2 500千克，干草中粗蛋白质的含量为10.58%，无氮浸出物为44.7%。

3. 菊科牧草的营养特性

菊科牧草主要有普那菊苣。普那菊苣是新西兰20世纪80年代初选育的饲用植物新品种。山西省农业科学院畜牧兽医研究所于1988年率先引进，1997年全国牧草品种审定委员会评审认定为新品种，品种登记号为182。该品种为多年生草本植物，生长速度快，产量高，每

图4-8　菊科牧草

亩可产鲜草6 000～10 000千克。开花初期含粗蛋白质为14.73%，适口性好，羊非常喜欢吃（图4-8）。

（二）秸秆类饲料的营养特性

1. 玉米秸秆

玉米是中国种植面积较广的农作物品种，玉米秸秆以收获方式分为收获籽实后的黄玉米秸秆或干玉米秸秆和籽实未成熟即行青刈的青刈玉米秸秆。青刈玉米秸秆的营养价值高于黄玉米秸秆，青嫩多汁，适口性好，胡萝卜素含量较多，为3～7毫克/千克。可青喂、青贮和晒制干草供冬春季饲喂。青刈玉米秸秆干草中粗蛋白质的含量为7.1%，粗纤维为25.8%，无氮浸出物为40.6%。黄玉米秸秆具有光滑的外皮，质地坚硬，粗纤维含量较高，维生素缺乏，营养价值较低，粗蛋白质的含量为2%～6.3%，粗纤维的含量为34%左右。但由于羊对饲料中粗纤维的消化能力较强，消化率在65%左右，对无氮浸出物的消化率亦在60%左右，且玉米的种植面积广，秸秆的产量高，所以玉米秸秆仍为舍饲羊的主要饲草之一。生长期短的春播玉米秸秆比生长期长的玉米秸秆粗纤维含量少，易消化。同一株玉米，上部

的比下部的营养价值高，叶片较茎秆营养价值高，玉米秸秆的营养价值又稍优于玉米芯（图4-9）。

图4-9　玉米秸秆

2. 稻草

稻草是中国南方农区主要的饲料来源，其营养价值低于麦秸。粗纤维的含量为34%左右，粗蛋白质的含量为3%～5%。稻草中含硅酸盐较高，达12%～16%，因而消化率低，钙质缺乏，单纯饲喂稻草效果不佳，应进行饲料的加工处理。

3. 麦秸

麦类秸秆是难消化，质量较差的粗饲料。小麦秸秆是麦类秸秆中产量较高的秸秆饲料。小麦秸秆粗纤维的含量较高，并有难利用的硅酸盐和蜡质，羊单纯采食麦秸类饲料，饲喂效果不佳，容易上火（有的羊食用麦秸后口角溃疡，群众俗称"上火"）。在麦秸中燕麦秸、荞麦秸的营养价值高，适口性也好，是羊的好饲草。

4. 谷草

谷草是粟的秸秆，也就是谷子的秸秆。质地柔软厚实，营养丰富，可消化粗蛋白质及消化总养分较麦秸、稻草高，在禾谷类饲草中，谷草的主要用途是制备干草，供冬春季饲用，是骡、马的优质饲草。但对羊来说长期饲喂谷草不上膘，有的羊可能消瘦，按群众的说法：谷草属凉性饲草，羊吃了会拉膘（即掉膘）。

5. 豆秸

豆秸是各类豆科作物收获籽实后的秸秆的总称，它包括大豆、黑豆、豌豆、蚕豆、豇豆、绿豆等的茎叶，它们都是豆科作物成熟后的副产品。豆秸在收获后叶子大部分已凋落，即使有一部分叶子也已枯黄；茎也多木质化，质地坚硬，粗纤维含量较高，但粗蛋白质含量和消化率较高，仍是羊的优质饲草。在籽实收获的过程中，经过碾压，豆秸被压扁，豆荚仍保留在豆秸上，这样使得豆秸的营养价值和利用率都得到提高。青刈的大豆秸叶的营养价值近似紫花苜蓿。在豆秸中蚕豆秸和豌豆秸的蛋白质的含量最多，品质最好（图4-10）。

图4-10　豆秸

6. 花生藤、甘薯藤及其他蔓秧类

花生藤和甘薯藤都是收获地下根茎后的地上茎叶部分，这些藤类虽然产量不高，但茎叶柔软，适口性好，营养价值和采食率、消化率都高。花生藤、甘薯藤干物质中粗蛋白质的含量分别为16.4%和26.2%，是羊极好的饲草。其他蔓秧类（如番茄秧、茄子秧、南瓜秧、豆角秧、豇豆藤、马铃薯藤等）无论从适口性还是从营养价值方面都是羊的好饲草，应当充分利用。

（三）精饲料（籽实类饲料及加工副产品）的营养特性

精饲料是富含无氮浸出物与消化总养分、粗纤维低于18%的饲料。这类饲料含蛋白质有高有低，包括谷实、油饼与磨房工业副产品。精饲料可分为：碳源饲料与氮源饲料，即能量饲料和蛋白质饲料。

1. 谷实类饲料（能量饲料）

能量饲料是主要利用其能量的一些饲料。其蛋白质含量低于20%，含粗纤维低于18%，能量饲料的主体是谷物饲料。有些蛋白质补充料含有较高的能量，也是能量饲料的范畴，但由于其主要的营养特点是蛋白质的含量高，用于饲料中的蛋白质补充，故划分在蛋白质饲料类。

谷实类饲料是精饲料的主体，含大量的碳水化合物（淀粉含量高），粗纤维的含量少，适口性好，粗蛋白质的含量一般不到10%，淀粉占70%左右，粗脂肪、粗纤维及灰分各占3%左右，水分一般占13%左右。由于淀粉含量高，故将谷实类饲料又称为能量饲料，能量饲料是配合饲料中最基本的和最重要的饲料，也是用量最大的饲料，谷实类饲料在羊所采食的饲料（包括草）中虽占的比例不大，但却是羊最主要的补饲饲料。谷实类饲料的饲用方法一般是稍加粉碎即可，不宜过细，以免影响羊的反刍。最常用和最经济的谷实类饲料有以下几种。

（1）玉米　玉米是谷实类饲料中的代表性饲料，是所有精饲料中应用最多的饲料。玉米产量高，适口性好，营养价值也高，玉米干物质中粗蛋白质的含量在7%左右，粗纤维的含量仅为1.2%，无氮浸出物高达73.9%；消化能也高，大约为每千克15兆焦。但玉米所含的蛋氨酸、胱氨酸、钙、磷、维生素较少，在饲料的配合中应和其他饲料配合，使日粮营养达到平衡。

（2）高粱　高粱是重要的精饲料，营养价值和玉米相似。主要成分为淀粉，粗纤维少，可消化养分高，粗蛋白质的含量为7%～8%，但质量差，含有单宁，有苦味，适口性差，不易消化，高粱中含钙少、含磷多，粗纤维含量也少；烟酸含量多，并含有鞣酸，有止泄作用，饲喂量大时容易引起便秘。

（3）大麦　大麦是一种优质的精饲料，其饲用价值比玉米稍佳，适口性好，饲料中的粗蛋白质含量为12%，无氮浸出物占66.9%，氨基酸的含量和玉米差不多钙、磷的含量比玉米高，胡萝卜素和维生素D不足，硫氨素多，核黄素少，烟酸的含量丰富。

（4）燕麦　燕麦是一种很有价值的饲料，适口性好，籽实中含有较丰富的蛋白质，粗蛋白质的含量在10%左右，粗脂肪的含量超过4.5%，比小麦和大麦多1倍以上，燕麦的主要成分为淀粉。但燕麦的粗纤维含量高，在10%以上，营养价值低于玉米。燕麦含钙少，含磷多；胡萝卜素、维生素D、烟酸含量比其他的麦类少。

2. 糠麸类饲料

糠麸类饲料是谷实类饲料经制粉、碾米加工的主要副产品。同原料相比，无氮浸出物较低，其他各种营养成分的含量普遍高于原料的营养成分，特别是粗蛋白质、矿物质元素和维生素含量较高，是羊很好的饲料来源之一。常用的糠麸类饲料有麦麸、米糠、稻糠、玉米糠。

麦麸是糠麸类饲料中用量最大的饲料，广泛用于各种畜禽的配合日粮中，麦麸具有适口性好，质地膨松、营养价值高、使用范围广的特点和轻泄作用。饲料中的粗蛋白质的含量为11%~16%，含磷多，含钙少，维生素的含量也较丰富。麦麸具有轻泻作用。在夏季可多喂些麸皮，可起到清热泻火的作用，由于麦麸中的含磷量多，采食过多会引起尿道结石，特别是公羊表现比较明显，公羔表现更为突出，麦麸在饲料中的比例一般应控制在10%~15%，公羔的用量应少些（图4-11）。

图4-11　麦麸皮

稻糠是水稻的加工副产品，包括砻糠和米糠；砻糠是粉碎的稻壳，米糠是去壳稻粒的加工副产品，是大米精制时产生的果皮、种皮、外胚乳和糊粉层等的混合物。砻糠的体积较大，质地粗硬，不宜消化，营养价值低于米糠。由于稻糠带芒，作为羊的饲料时带芒的稻壳容易黏附在羊的胃壁上，形成一层稻壳膜，影响羊的正常消化，甚至致病、消瘦、死亡，故饲喂稻糠时一定要粉碎细致。米糠的营养价值高，新鲜米糠适口性也好，在羊的日粮中可占到15%左右。

3. 饼粕类饲料（蛋白质饲料）

粗蛋白质含量在20%以上的饲料归为蛋白质饲料。饼粕类饲料是富含油的籽实经加工榨取植物油后的加工副产品，蛋白质的含量较高，是蛋白质饲料的主体。通常含较多的蛋白质（30%~45%），适口性较好，能量也高，品质优良，是羊瘤胃中微生物蛋白质的氮的前身物。羊可以利用瘤胃中的微生物将饲料中的非蛋白氮合成菌体蛋白，所以在羊的一般日粮中蛋白质的需求量不大。但蛋白质饲料仍是羊饲料中必不可少的饲料成分之一，特别是对于羔羊的生长发育期、母羊的妊娠期的营养需求显得特别重要。这些饲料主要有以下几种。

（1）豆饼、豆粕　豆饼、豆粕是中国最常用的一种植物性蛋白质饲料，营养价值高，价格又较鱼粉及其他动物性蛋白质饲料低，是畜禽较为经济和营养较为合理的蛋白质饲料，一般来说豆粕较豆饼的营养价值高，含粗蛋白质较豆饼高8%~9%。大豆饼（粕）较黑豆饼（粕）的饲喂效果好。在豆饼（粕）的饲料中含有一些有害物质和因子，如抗胰蛋白酶、尿素酶、血球凝集素、皂角苷、甲状腺诱发因子、抗凝固因子等，其中最主要的是抗胰蛋白酶。饲喂这些饲料时应进行加工处理，最常用的方法是在一定的水分条件下进行加热处理，经加热后这些有害物质将失去活性，但不宜过度加热，以免影响和降低一些氨基酸的活性（图4-12）。

（2）棉籽饼　棉籽饼是棉籽提取后的副产品，一般含粗蛋白质32%~37%，产量仅次于豆饼，是反刍家畜的主要蛋白质饲料来源。棉籽饼的饲用价值与豆饼相比，蛋白质的含量为豆饼的79.6%，消化能也低于豆饼，粗纤维的含量较豆饼高，且含有有毒物质棉酚，在饲喂非反刍畜禽时使用量不可过多，喂量过多时容易引起中毒。但对于牛、羊来说，只要饲喂不过量就不会发生中毒，且饲料的成本较豆饼偏低，故在养羊生产中被广泛应用（图4-13）。

图4-12　豆粕

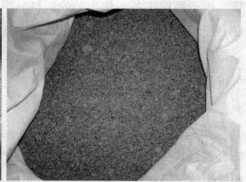

图4-13　棉籽饼

（3）菜籽饼　菜籽饼是菜籽经加工提炼后的副产品，是畜禽的蛋白质饲料来源之一。粗蛋白质的含量在20%以上，其营养价值较豆饼低。菜籽饼中含有有毒物质芥子甙或称含硫甙（含量一般在6%以上），各种芥子甙在不同的条件下水解，会形成腈、恶唑烷酮和硫氰酸酯，严重影响适口性，采食过多会引起中毒。羊对菜籽饼的敏感性较强，饲喂时最好先对菜籽饼进行脱毒处理。

（4）花生饼　花生饼的饲用价值仅次于豆饼，蛋白质和能量都比较高，粗蛋白质的含量为38%，粗纤维的含量为5.8%。带壳花生饼含粗纤维在15%以上，饲用价值较去壳花生饼的营养价值低，但仍是羊的好饲料。花生饼的适口性较好，本身无毒素，但易感染黄曲霉，易导致黄曲霉素致病，贮藏时要注意防潮，以免发霉。

（5）胡麻饼　胡麻饼是胡麻种子榨油后的加工副产品，粗蛋白质的含量为36%左右，适口性较豆饼差，较菜籽饼好，也是胡麻产区养羊的主要蛋白质饲料来源之一。胡麻饼饲用时最好和其他的蛋白质饲料混合使用，以补充部分氨基酸的不足，单一饲喂容易使羊的体脂变软。

（6）向日葵饼　向日葵饼简称葵花饼，是油葵及其他葵花籽榨取油后的副产品。去壳葵花饼的蛋白质含量可达46.1%，不去壳葵花饼粗蛋白质的含量为29.2%。葵花饼不含有毒物质，适口性也好，虽不去壳的葵花饼的粗纤维含量较高，但对羊来说是营养价值较好和廉价的蛋白质饲料。

4. 块根、块茎和瓜类饲料

块根、块茎类饲料属于适口性较好、水分含量较高的饲料。根据这些饲料的营养特性可分为薯类饲料和其他块根、块茎饲料。这些饲料是羊冬季补饲的好饲料。但在养羊中不是羊主要的饲料，用量不大，故简单介绍如下：薯类是中国的主要杂粮品种，包括甘薯、马铃薯和木薯。这些杂粮不仅可以作为人类的粮食，还可作为羊和其他家畜禽的饲料。薯类饲料具有产量高、水分含量高、淀粉含量高、适口性好、生熟饲喂均可的特点。按其干物质中营养成分的含量属于精饲料中的能量饲料。甘薯、马铃薯、木薯干物质中无氮浸出物的含量分别为88.21%、77.6%和92.15%；粗纤维的含量非常低，为2.5%～4.4%。饲料的消化利用率较高。薯类饲料在饲喂中应注意：甘薯出现的黑斑薯有苦味，含有毒性酮；马铃薯表皮发绿，有毒的茄素含量剧烈增加，饲喂后会出现畜禽中毒现象。木薯中含有一定量的氢氰酸，过多食用也会引起氢氰酸中毒。

萝卜是蔬菜品种，人畜均可食用，具有产量高、水分大、适口性好、维生素含量丰富的特点，是羊的维生素饲料补充料。胡萝卜还含有少量的蔗糖和果糖，故具甜味，是羔羊和冬季母羊维生素的主要来源，饲喂效果良好；甜菜是优良的制糖和饲料作物品种，根、茎、叶的饲用价值较高，是羊的优良多汁饲料。其他块根、块茎类饲料还有菊芋、芜菁、甘蓝等，都是多汁、适口性好和饲用价值较高的饲料品种。

在瓜类饲料中最常用的是南瓜，它既是蔬菜，又是优质高产的饲料作物。由于其营养丰富，无氮浸出物的含量较高，糖类含量较多，适口性好，常被用作羊冬季的补饲饲料。

5. 树叶、灌木和其他饲用林产品饲料

羊几乎采食所有的树叶，无论是青绿状态的树叶，还是干树叶，对羊来说都是很好的饲料。树叶不仅适口性好而且营养价值高，有的树叶是羊的蛋白质和维生素的来源之一。树叶虽是粗饲料，但粗纤维的含量低于其他粗饲料，营养价值也远比其他的粗饲料要高得多，甚至有的树叶的饲喂效果可和精饲料相比。如洋槐叶的干物质中粗蛋白质的含量达29.9%，槐树叶、榆树叶、杨树叶的干物质中粗蛋白质的含量也在22%以上，远远超过禾谷类饲料中的蛋白质的含量。灌木也是羊的饲料来源，灌木不仅叶是羊的饲草，而且细枝也可被羊采食利用，所以灌木在山区养羊业中占有重要的地位。灌木的利用主要是在春夏季节，春季牧草返青前，灌木的枝条、嫩枝都是羊的采食对象，是羊在青黄不接时的不可多得的饲草和保命草。灌木的利用对于山羊来说更显得重要。在山区其他树木的枝、叶、果实也是羊的饲料和饲草资源，如松树、柏树的松籽、粕籽都是羊极好的饲料，它不仅含有较高的蛋白质和其他营养物质，而且还具有特殊的香味，使羊肉也具有特殊的风味，松针可制成松针粉在羊的配合饲料中使用。

6. 糟渣类饲料

糟渣类饲料是植物加工的副产品饲料，几乎所有的植物加工的副产品都可以作为羊的饲料。如制酒的副产品有啤酒糟、酒糟，制糖的副产品甜菜渣、甘蔗渣、糖浆，还有醋渣、豆腐渣、粉渣等。这些可利用的饲料中有的含粗蛋白质丰富，有的无氮浸出物含量高，有的可以直接被羊利用，有的通过加工可以被羊利用，是羊冬季补饲和舍饲养羊的饲料来源之一。

（1）啤酒糟　啤酒糟是以大麦为主要原料制取啤酒后的副产品，是麦芽汁的浸出渣。干啤酒糟的营养价值和小麦麸相当，粗蛋白质的含量为22.2%，无氮浸出物的含量为42.5%。啤酒酵母的干物质中粗蛋白质的含量高达53%，品质也好；无氮浸出物的含量为23.1%；含磷丰富；钙的含量较低。

（2）酒糟　酒糟是用淀粉含量较多的原料，如玉米、高粱和薯类经酿酒后的副产品。由于酒糟中的可溶性碳水化合物发酵成醇被提取，其他营养成分如粗蛋白质、粗脂肪、粗纤维与灰分等的含量相应就提高，而无氮浸出物的含量相应降低，但能量值下降的不多，在营养上仍属能量饲料的范围。以玉米为原料的酒糟干物质中粗蛋白质的含量为16.6%，以高粱为原料的干酒糟中粗蛋白质的含量达24.5%。酒糟的营养价值还受一些副料的影响，如受稻壳或玉米芯的影响，降低了酒糟的营养价值。酒糟的营养含量稳定，但不完全，属于热性饲料，容易引起便秘。同时由于酒糟中水分含量较高，残留的醇类物质也多，过多饲喂容易引起酒精中毒，故饲喂前应进行晾晒。对含有稻壳的酒糟最好粉碎后饲喂，以免引起羊的瘤胃消化不良。

（3）甜菜渣　甜菜渣是甜菜中提取糖分后的副产品，主要成分为无氮浸出物和粗纤维，在干物质中粗蛋白质的含量为9.6%，粗纤维的含量为20.1%，无氮浸出物为64.5%。甜菜渣的适口性好，是羊的多汁饲料，饲喂时应配合一些蛋白质的饲料。

（4）豆腐渣　豆腐渣是各种豆类经加工磨制豆腐后的副产品，富含各种营养，适口性好，饲喂方便，无论是鲜喂还是干喂，饲喂效果都较好。同时豆腐渣的成本较低，粗蛋白质的含量为28.3%，无氮浸出物为34.1%，粗纤维为13.9%。根据毛杨毅关于豆腐渣的试验资料表明，在羊的育肥补饲日粮中，1千克干物质的豆腐渣的饲喂效果与1千克的玉米的饲喂效果相比，无论在经济效益方面还是在增重方面的效果都好于玉米。在冬季将豆腐渣和草粉或其他精饲料混合饲喂效果较好。

（四）非蛋白质饲料

最常用的非蛋白质氮是尿素，含氮46%，白色颗粒，微溶于水。蛋白质的当量为288%，即1克尿素相当于2.88克的蛋白质，或1千克尿素加上6千克的玉米，相当于7千克的豆饼。尿素的饲喂量：尿素在日粮中的含量不超过其干物质的1%，每只绒山羊每天饲喂尿素的总量不应超过其采食量（干湿料总量）的0.15%。

1. 尿素的饲喂方法

第一，直接拌入饲料中饲喂。把尿素均匀地拌入含有谷物精料和蛋白质精料的混合饲料中饲喂。

第二，在青贮料中添加。在青贮的同时按青贮料湿重的0.5%添加。

第三，与青干草混合饲喂。在冬季舍饲的条件下，将尿素溶液喷洒在铡碎的青干草上饲喂。

第四，做成尿素精料砖供羊舔食。

2. 饲喂尿素注意的问题

第一，饲喂尿素应逐渐增加，一般要经过5～7天的适应期。

第二，饲喂不能间断，要坚持每天饲喂。

第三，小羔羊因瘤胃功能不全不能喂。

第四，饲喂尿素的日粮中要有足够的能量饲料。

第五，在有尿素的混合料中，不能含有生大豆和其他种类的豆类、苜蓿、胡枝子的种子。因这些饲料中含有尿素酶，会将尿素分解为氨和二氧化碳，氨可降低羊对饲料的采食量，降低蛋白质的水平。

第六，防止过量饲喂，以免发生尿素中毒。

（五）矿物质饲料

1. 食盐

食盐是羊及各种动物不可缺少的矿物质饲料之一，它对于保持生理平衡、维持体液的正常渗透压有着非常重要的作用。食盐还可以提高羊的适口性，增强食欲，具有调味作用。羊无论是夏季、冬季，还是其他季节都应不断地饲喂食盐。食盐的用量一般占风干日粮的1%。最常用的饲喂方法是将食盐直接拌入精料中，或者将盐砖放在运动场让羊自由舔食。在放牧阶段，每隔7天左右喂1次盐。羊缺碘时食欲下降，采食牧草量减少，体重增加缓慢，啃碱土、啃土过多时会引起消化道疾病，拉稀消瘦。

2. 石粉

石粉主要指石灰石粉，是天然的碳酸钙，一般含钙35%，是最便宜、最方便和来源最广的矿物质饲料。只要石灰石粉中的铅、汞、砷、氟的含量在安全范围之内都可以作为羊的饲料。

3. 膨润土

膨润土是指钠基膨润土，资源丰富，开采容易，成本低，使用方便，容易保存。膨润土含有多种微量元素。这些元素能使酶和激素的活性或免疫反应发生显著的变化，对羊的生长有明显的生物学价值。

4. 磷补充饲料

磷的补充饲料主要有磷酸氢二钠、磷酸氢钠和磷酸氢钙，在配合饲料中的主要作用是提供磷和调整饲料中的钙磷比例，促进钙和磷的吸收和合理利用。

第四节　绒山羊饲料的加工、贮存与饲喂

一、精饲料的加工利用

（一）能量饲料的加工

能量饲料干物质的70%～80%是由淀粉组成的，所含粗纤维的含量也较低，营养价值较高，是适口性比较好的饲料。能量饲料加工的主要目的是提高饲料中淀粉的利用效率和便于进行饲料的配合，促进饲料消化率和饲料利用率的提高。能量饲料的加工方法比较简单，常用的方法有以下几种。

1. 粉碎和压扁

粉碎是能量饲料加工中最古老和使用最广泛、最简便的方法。其作用是用机械的方法引起饲料细胞的物理破坏，使饲料被外皮或壳所包围的营养物质暴露出来，利于消化，提高这些营养物质的利用效果。如玉米、高粱、小麦、大麦等饲料，常采用粉碎的方法进行饲料的加工，通过粉碎破坏了饲料硬的外皮，增加了饲料的表面积，使饲料与消化液的接触更充分，消化更完全彻底。

但是，饲料粉碎的粒度不应太小，否则影响羊的反刍，容易造成消化不良。一般要求将饲料粉碎成两半或1/4颗粒即可。谷类饲料也可以在湿、软状态下压扁后直接喂羊或者晒干后喂羊，同样可以起到粉碎的饲喂效果。

2. 水浸

水浸饲料的作用，一是使坚硬的饲料软化、膨胀，便于采食利用；二是使一些具有粉尘性质的饲料在水分的作用下不能飞扬，减小粉尘对呼吸道的影响和改善饲料的适口性。一般在饲料的饲喂前用少量的水将饲料拌湿放置一段时间，待饲料和水分完全渗透，在饲料的表面上没有游离水时即可饲喂，注意水的用量不宜过多。

3. 液体培养——发芽

液体培养的作用是将谷物整粒饲料在水的浸泡作用下发芽，以增加饲料中某些营养物质的含量，提高饲喂效果。谷粒饲料发芽后，可使一部分蛋白质分解成氨基酸、糖分、维生素与各种酶增加，纤维素增加。如大麦发芽前几乎不含胡萝卜素，经浸泡发芽后胡萝卜素的含量可达93~100毫克/千克，核黄素含量提高10倍，蛋氨酸的含量增加2倍，赖氨酸的含量增加3倍。因此，发芽饲料对饲喂公羊、母羊和羔羊有明显的效果。一般将发芽的谷物饲料加到营养贫乏的日粮中会有所助益的，日粮营养越贫乏，收益越大。

（二）蛋白质饲料的加工利用

蛋白质饲料不仅具有能量饲料的一些特性，如低纤维、能量较高、适口性好等，而且更主要的是其蛋白质含量高，所以称为蛋白质饲料或蛋白质补充饲料。蛋白质饲料分为动物性蛋白质饲料和植物性蛋白质饲料，植物性蛋白质饲料又可分为豆类饲料和饼类饲料。不同种类饲料的加工方法不一样，现分别介绍如下。

1. 豆类蛋白质饲料的加工

豆类饲料含有一种叫做抗胰蛋白酶的物质，这种物质在羊的消化道内与消化液中的胰蛋白酶作用，破坏了胰蛋白酶的分子结构，使酶失去生物活性，从而影响饲料中营养物质消化吸收，造成饲料蛋白质的浪费和羊的营养不足。这种抗胰蛋白酶在遇热时就变性而失去活性，因此在生产中常用蒸煮和焙炒的方法来破坏大豆中的抗胰蛋白酶，不仅提高了大豆的消化率和营养价值，而且增加了大豆蛋白质中有效的蛋氨酸和胱胺酸，提高了蛋白质的生物学价值。但有的资料表明，对于反刍家畜，由于有瘤胃微生物的作用，可不用加热处理。

2. 豆饼饲料的加工

豆饼根据生产的工艺不同可分为熟豆饼和生豆饼，熟豆饼经粉碎后可按日粮的比例直接加入饲料中饲喂，不必进行其他处理，生豆饼由于含有抗胰蛋白酶，在粉碎后需经蒸煮或焙炒后饲喂。豆饼粉碎的细度应比玉米要细，便于配合饲料和防止羊的挑食。

3. 棉籽饼的加工

棉籽饼含有丰富的可消化粗蛋白质、必需氨基酸，基本上和大豆粕的营养相当，还含有较多的可消化碳水化合物，是能量和蛋白质含量都较高的蛋白质饲料。但是棉籽饼中含有较多的粗纤维，还有一定量的有毒物质，所以在饲喂猪、家禽等单胃动物时受到一定的限制，而主要作为羊、牛等反刍家畜的蛋白质饲料。棉籽饼中的有毒物质是棉酚，这是一种复杂的多酚类的化合物，饲喂过量时容易引起中毒，所以在饲喂前一定要进行脱毒处理，常用的处理方法有水煮法和硫酸亚铁水溶液浸泡法。

4. 菜籽饼的加工

菜籽饼是油菜产区的菜籽油的加工副产品，应用受两个不利的因素影响，一是菜籽饼含有苦味，适口性较差；二是菜籽饼含有含硫葡萄糖甙，这种物质在酶的作用下，裂解生成多种有毒物质，饲喂和处理不当就会发生饲料中毒。这些有毒的物质是致甲状腺肿大的噻唑烷硫酮（OET）、异硫氰酸酯（ITC）、芥籽甙等。因此对菜籽饼的脱毒处理显得十分重要。菜籽饼的脱毒处理常用的方法有两种：土埋法和氨、碱处理法。

（三）薯类及块茎块根类饲料的加工利用

这类饲料的营养较为丰富，适口性也较好，是羊冬季不可多得的饲料之一。加工较为简单，应注意3个方面。

1. 腐烂的饲料不能饲喂。

2. 要将饲料上的泥土洗干净，用机械或手工的方法切成片状、丝状或小块状，块大时容易造成食道堵塞。

3. 不喂冰冻的饲料。饲喂时最好和其他饲料混合饲喂，并现切现喂。

二、青饲料的加工利用

青饲料主要作为羊的刈割饲料。青饲料的加工主要是指刈割后的饲料加工，一般常用的加工方法：①将刈割后的青饲料用铡刀切碎后放入饲槽内让羊采食；②将青饲料用绳子捆绑起来吊在羊舍内让羊采食；③将青饲料晒干后供冬季饲用。

饲喂青饲料时应注意以下两个问题：①青饲料不宜放置过久，要现割现喂。放置过久的青饲料发热霉烂或变味，容易造成氢氰酸中毒和饲料的浪费；②嫩玉米苗、嫩高粱苗中含有氢氰酸，无论是放牧还是刈割饲喂都有发生中毒的危险，不要鲜喂，要让水分蒸发掉一部分后才可以饲喂，并要少喂。

三、牧草饲料的加工利用

无论是野生的牧草还是人工种植的牧草都是羊的主要饲料，占羊饲料总量的90%以上。牧草一年四季都可利用。为了保证冬季的饲料供应，往往在夏季牧草丰盛时期将鲜草刈割晒干长期保存，待冬季再经过加工饲喂，这种夏草冬用的牧草饲用方法具有成本低、收益大、经济效益高、贮藏方便的特点。所以牧草的晒干、调制、保存和利用就成为青饲料的主要加工方式。

四、绒山羊秸秆饲料的加工配制

秸秆饲料是农区冬季养羊的主要饲料之一。其利用的方式有两种：一种是不经加工直接用于饲喂，让羊随意采食。这种饲喂方式羊仅采食了叶片并因踩踏造成了大量的浪费，秸秆的采食利用率仅20%～30%，浪费现象十分严重。二是加工后用于饲喂。秸秆加工的目的就是要提高秸秆的采食利用率，增加羊的采食量，改善秸秆的营养品质。秸秆饲料常用的加工方法有以下几种。

（一）物理处理法

1. 切碎

切碎是秸秆饲料加工最常用和最简单的加工方法，是用铡刀或切草机将秸秆饲料或其他粗饲料切成1.5～2.5厘米的碎料。这种方法适用于青干草和茎秆较细的饲草。对粗的作物秸秆虽有一定的作用，但由于羊的挑食，致使粗的秸秆采食利用率仍很低（图4-14）。

2. 粉碎

用粉碎机将粗饲料粉碎成0.5～1厘米的草粉。但应注意的是粉碎的粒度不能太小，否则影响羊的反刍，不利于消化。草粉应和精饲料混合拌湿饲喂，发酵、氨化后饲喂效果更佳。草粉还可以一定的比例和精饲料混合后，用颗粒机压制成一定形

图4-14 切碎

状和大小的颗粒饲料，以利于咀嚼和改善适口性，防止羊挑食、减少饲草的浪费。这种颗粒饲料具有体积小、运输方便、易于贮存等优点。

（二）化学处理法

1. 氨化处理法

氨化处理法就是用尿素、氨水、无水氨及其他含氮化合物溶液，按一定比例喷洒或灌注于粗饲料上，在常温、密闭的条件下，经过一段时间闷制后，使粗饲料发生化学变化。这样处理后的饲料叫氨化饲料。氨化可提高粗饲料的含氮量，除去秸秆中的木质素，改善饲料的适口性，提高饲料的营养价值和采食利用率。氨化处理可分为尿素氨化法和氨水氨化法。

（1）尿素氨化法　尿素氨化的方式有挖坑法、塑料袋法、堆垛法和水缸法等，其氨化的原理一样。下面介绍挖坑法。

在避风向阳干燥处，依氨化饲料的多少，挖深1.5～2米、宽2～4米、长度不等的长方形的土坑，在坑底及四周铺上塑料薄膜，或用水泥抹面形成长久的使用坑。然后将新鲜秸秆切碎分层压入坑内，每层厚度为30厘米，并用10%的尿素溶液喷洒，其用量为每100千克的秸秆需10%的尿素溶液40千克。逐层压入、喷洒、踩实、装满，并高出地面1米。上面及四周仍用塑料薄膜封严，再用土压实，防止漏气，土层的厚度约为50厘米。在外界温度为10～20℃时，经2～4周后即可开坑饲喂，冬季则需45天左右。使用时应从坑

的一侧分层取料，取出的饲料经晾晒放净氨气味，待具香味时便可饲喂。饲喂量应由少到多逐渐过渡，以防急剧改变饲料引起羊消化道的疾病。

塑料袋氨化法、水缸氨化法和堆垛法尿素的使用量和坑埋法相同，装好后也要注意四周封闭严实，防止漏气。

（2）氨水氨化法　用氨水或无水氨氨化粗饲料，比尿素氨化的时间短，需要有氨源、容器及注氨管等。氨化的形式与尿素法相同。向坑内填压、踩实秸秆时，应分点填夹注氨塑料管，管直通坑外。填好料后，通过注氨管按原料重12%的比例注入20%的氨水，或按原料重3%的比例注入无水氨，温度不低于20℃。然后用薄膜封闭压土，防止漏气。经1周后即可饲喂。取出的氨化饲料在饲喂前也要通风晾晒12～24小时放氨，待氨味消失后才能饲喂。此法能除去秸秆中的木质素，既可提高粗纤维的利用率，还可提高秸秆中的氮，改善其饲料营养价值。用氨水处理的秸秆，每千克营养价值可从10克增加到25克，有机质的消化率提高4.7%～8%。其营养价值接近于中等品质的干草。用氨化秸秆饲喂羊，可促进增重，并可降低饲料的成本（图4-15）。

图4-15　氨化秸秆

2. 氢氧化钠及生石灰处理法

碱化处理最常用而简便的方法是氢氧化钠和生石灰混合处理。这种处理方法有利于瘤胃中的微生物对饲料的消化，提高粗饲料中有机物的消化率。其处理的方法是：将切碎的秸秆饲料分层喷洒 1.5%～2% 的氢氧化钠和 1.5%～2% 的生石灰混合液，每 100 千克秸秆喷洒 160～240 千克混合液，然后封闭压实。堆放 1 周后，堆内的温度达 50～55℃，即可饲喂。

（三）微生物处理法

微生物处理法分为干粗饲料发酵法、人工瘤胃发酵法、自然发酵法和利用担子菌法等。常用的方法如下所述。

1. 干粗饲料发酵法

将粗饲料粉碎后加入 2% 的发酵用菌种，用水将菌种化开后喷洒在切碎的秸秆饲料上，使秸秆饲料的水分达到用手握有水而不滴水的程度。然后上面盖上干草粉或麦秸，当内部的温度达 40℃ 左右时，上下翻动饲料 1 次，封闭 1～3 天即可饲喂。

2. 自然发酵法

将粉碎后的秸秆饲料中拌入适量的精饲料，然后用水浇湿拌匀，堆放压实，经 2～3 天后，堆内自然发酵，温度升高，待有发酵的香味时即可饲喂。每次将上次的发酵饲料拌入下次的草粉中，循环使用。经发酵后的饲料松软，有香味，适口性好，饲料的采食利用率高。

五、青贮饲料的制作技术

青贮是储备青绿饲料的一种方法，是将新鲜的青绿饲料填入密闭的青贮塔、青贮窖或其他的密闭容器内，经过微生物的发酵作用而使青贮料发生一系列物理的、化学的、生物的变化，形成一种多汁、耐贮、适口性好、营养价值高、可供全年饲喂的饲料，特别是作为羊冬季和舍饲养的主要饲料之一。青贮发酵的过程可分为 3 个阶段：第一阶段是好气活动。饲料植物原料装入窖内后活细胞继续呼吸，消耗青贮料间隙中的氧，产生二氧化碳和水，释放能量或热量，同时好气的酵母菌与霉菌大量的生长和繁殖。从原料装入到原料停止呼吸，变为嫌气状态，这段时间要求越短越好，可以迅速地减少霉菌和其他有害细菌对饲料的作用。第二阶段是厌氧菌——主要是乳酸菌和分解蛋白质的细菌以异常的速度繁殖，同时霉菌和酵母菌死亡，饲料中乳酸增加，pH值下降到4.2以下。第三阶段是当酸度达到一定的程度、青贮窖内的蛋白质分解菌和乳酸菌本身也被杀死，青贮料的调制过程即可完成，各种变化基本处于一个相对稳定的环境状态，使饲料可以长时间保存（图4-16、图4-17、图4-18）。

图4-16　玉米青贮压实

图4-17　开窖取喂

图4-18　青贮草

（一）青贮饲料的原料及要求

用于青贮饲料的原料很多，如各种青绿状态的饲草、作物秸秆、作物茎蔓等。在农区主要是收获作物后的秸秆和其他无毒的杂草等。最常用的青贮原料是玉米秸秆和专用于青贮的玉米全株。对青贮原料的要求主要是原料要青绿或处于半干的状态，含水量为65%～75%，不低于55%。原料要无泥土、无污染。含水量少的作物秸秆不宜作为青贮的原料。中国青贮饲料的原料主要是收获玉米后的玉米秸秆，秸秆收割得越早越好。青贮过晚，玉米秸秆过干，粗纤维含量增加，维生素和饲料的营养价值降低。

（二）青贮饲料的方式

青贮饲料的方式可按青贮容器的不同分为青贮塔青贮、青贮坑青贮和塑料袋青贮等。在大型的乳牛场和国外的养殖场有使用青贮塔青贮饲料的，在一般的养殖场多采用青贮坑青贮，在农户青贮量比较少的情况下可使用塑料袋青贮。在国外机械化程度较高的牧场也有使用大型塑料袋进行青贮的，每袋的青贮料为800～1 000千克。

（三）青贮饲料的制作方法

制作青贮饲料是一项季节性、时间性很强的突击性工作，要求收割、运输、切碎、踩实、密封等操作连续进行，短时间完成。所以青贮前一定要做好各项前期的准备工作，包括青贮坑的挖建、原料装备、人员安排、机械准备和必要用具、用品的准备等。

1. 青贮坑青贮法

青贮坑青贮具有造价低、青贮量大、不需特殊的设备、易于推广、便于操作的特点，是一般种羊场和养羊专业户常用的青贮方式。

（1）青贮坑地势的选择和挖建　青贮坑应选择在地势较高、土质结实、排水良好、地面宽敞、离羊舍较近的地方。坑的大小依青贮料的多少而定。在农户饲养羊的数量不是太多的情况下，可挖深1～2米、宽度为2～4米、长度不限的青贮坑。坑的四周要平整，有条件时可用砖、水泥做成永久性的青贮坑，每年使用前将上年的饲草要清理干净。土坑四周铺上塑料薄膜，防止土混入饲料中，同时增加四周的密闭性。

（2）原料的装备　一是要适时收割，收割过晚秸秆粗纤维增加，维生素和水分减少，营养价值也降低；二是收割、运输要快，原料的堆放要到位，保证满足青贮的需要。

（3）切碎　羊的青贮饲料切碎的长度为1～2厘米。切碎前一定要把饲料的根和带土的饲料去掉，将原料清理干净。

（4）装窖　装窖和切碎同时进行，边切边装。装窖注意3点：一是注意原料的水分含量。适宜的水分含量应为65%～75%，水分不足时应加入水。适宜水分的作用是有利于饲料中的微生物的活动；有利于饲料保持一定的柔软度；有利于在水分的作用下使饲料增加密度，减少间隙，减少饲料中空气的含量，便于饲料的保存；二是注意饲料的踩压。在大型青贮饲料的制作时，有条件的可使用履带式拖拉机碾压，没有条件时组织人力踩压。要一层一层地踩实，每层的厚度为30厘米左右。特别是窖的四周一定要多踩几遍；

三是装窑的速度要快，最好是当天装满、踩实、封窑。装窑时间过长时，容易造成好氧菌的活动时间延长，饲料容易腐败。

（5）封窑 当窑装满高出地面50～100厘米时，在经过多遍的踩压后，把窑四周的塑料薄膜拉起来盖在露出在地面上的饲料上，封严顶部和四周。然后压上50厘米的土层，拍平表面，并在窑的四周挖好排水沟。要确保封闭严实，不漏气、不渗水。封窑后要经常检查窑顶及四周有无裂缝，如有裂缝要及时补好，保证窑内的无氧状态。

（6）开窑饲喂 青贮60天后，待饲料发酵成熟、乳酸达到一定的数量、具备抗有害细菌和霉菌的能力后才可开窑饲喂。青贮质量好的青贮饲料，应有苹果酸味或酒精香味，颜色为暗绿色，表面无黏液，pH值在4以下。青贮料的饲喂要注意以下几点：一是发现有霉变的饲料要扔掉；二是开窑的面积不宜过大，以防暴露面积过大，好氧细菌开始活动，引起饲料变质；三是要随取随用，以免暴露在外面的饲料变质。取用时不要松动深层的饲料，以防空气进入；四是饲喂量要由少到多，使羊逐渐适应。在生产中有的农民不了解青贮的原理和使用的要点，见饲料的表面有点发霉，怕饲料变质坏掉，就赶快把青贮窑上的塑料薄膜去掉并翻动，结果青贮饲料很快腐烂变质，造成了损失。

2. 塑料袋青贮法

塑料袋青贮就是把青贮料切碎后装入塑料袋内进行密闭保存，待发酵成熟后就可饲喂。其特点是可以少量的制作青贮饲料，取用方便，饲料的营养成分损失的也较少，便于推广。

六、微干贮饲料的加工方法

微干贮就是用秸秆生物发酵饲料菌种对秸秆饲料进行发酵处理，达到提高秸秆饲料的利用率和营养价值目的的饲料加工方法。此方法是耗氧发酵和厌氧保存，和青贮饲料的制作原理不同。其菌种主要为发酵菌种、无机盐、磷酸盐等。每吨干秸秆或每3吨青贮料需加菌种500克。每吨干秸秆加水1吨，食盐5千克，麸皮3千克。青玉米秸秆可不加食盐，加水适量。饲料的加工方法如下（图4-19、图4-20、图4-21）：

（一）菌液的配制

将菌液倒入适量的水中，加入食盐和麸皮，搅拌均匀备用。微贮王活干菌的配制方法是将菌种倒入200毫升的自来水中，充分溶解后在常温下静置1~2小时。使用前将菌液倒入充分溶解的1%食盐溶液中拌匀。菌液应当天用完，防止隔夜失效。

图4-19　活酵母干菌

（二）饲料加工

微干贮时先按青贮饲料的加工方法挖好坑，铺好塑料薄膜。饲料的切碎和装窑的方法和注意事项与青贮饲料相同，只是在装窑的同时将菌液均匀地洒在窑内切碎的饲料上，边洒、边踩、边装。装满后在饲料的上面盖上塑料布，但不密封，过3~5天，当窑内的温度达45℃以上时，均匀地覆土15~20厘米。封窑时窑口周围应厚一些并踩实，防止进气漏水。

图4-20　发酵好饲料

（三）饲料的取用

窑内饲料经3~4周后变得柔软，具醇酸香味时即可饲喂。成年羊的饲喂量为每只每天2~3千克，同时应加入20%的干秸秆饲料和10%的精饲料混合饲喂。取用时的注意事项与青贮料相同。

图4-21　发酵池

第五节　绒山羊日粮配合

绒山羊的日粮配合是指在满足其营养物质需要的前提下，经济有效地利用各种饲料进行科学搭配。日粮配合应以青粗饲料和当地饲料为主，适当搭配精饲料，并注意饲料的体积和适口性。日粮配合的依据主要是饲养标准。在进行日粮配合时，还应考虑饲料的来源和价格，以降低饲料成本。

一、日粮配合的一般原则

在舍饲条件下，配合绒山羊的日粮，应遵循如下原则。

1. 必须根据羊在不同饲养阶段的营养需要量进行配制，并结合饲养实践做到灵活应用，既有科学性，又有实践性。

2. 根据羊的消化生理特点，合理地选择多种饲料原料进行搭配，并注意饲料的适口性，采取多种营养调控措施，以提高羊对粗纤维性饲料的采食量和利用率，实行日粮优化设计。

3. 要尽量选用当地来源广、价格便宜的饲料来进行配合日粮，以降低饲料的成本。

4. 饲料选择应尽量多样化，以起到饲料间养分的互补作用，从而提高日粮的营养价值，提高日粮的利用率。

5. 日粮原料必须卫生，绝对不能饲喂发霉、变质的饲料。

6. 对日粮的原料，有条件的话要有一定的储备，以免造成原料中断，从而改变日粮配方，造成绒山羊的应激反应。

二、日粮配合的依据

（一）饲养标准

饲养标准是根据羊消化代谢的生理特点、生长发育、生产的营养需要，以及饲草饲料的营养成分和饲养经验，制定出的羊在不同生理状态下和生产水平下，对不同营养物质的相对需要量，是科学养羊的依据。

（二）饲料的营养成分

在舍饲养羊生产中，羊所需要的营养物质完全由人工控制，饲料中的营养成分是否能满足羊的生长和生产的需要，与养羊业的经济效益的关系十分密切，所以必须按照羊的营养需求和饲草中营养成分的含量，来合理调配饲料中的营养成分含量。

羊常用饲料的营养成分如表4-7所示。

表4-7 羊常用饲料的营养成分

饲料分类	饲料名称	干物质(%)	粗蛋白质(%)	粗脂肪(%)	粗纤维(%)	无氮浸出物(%)	粗灰分(%)	钙(%)	磷(%)	总能(兆焦/千克)	消化能(兆焦/千克)	代谢能(兆焦/千克)	可消化粗蛋白质(克/千克)
青绿饲料类	白菜	13.6	2.0	0.8	1.6	8.0	1.2	—	0.07	2.47	1.92	1.59	14
	冰草	28.8	3.8	0.6	9.4	12.7	2.3	0.12	0.09	5.02	3.05	2.51	20
	甘草	5.6	0.2	0.2	0.5	3.4	0.4	0.03	0.02	0.25	0.84	0.71	9
	灰蒿	28.4	6.8	2.0	6.7	9.9	3.0	0.17	0.08	5.31	3.05	2.51	39
	胡萝卜叶	16.1	2.6	0.7	2.3	7.8	2.7	0.47	0.09	2.68	1.80	1.51	17
	马铃薯秧	12.1	2.7	0.6	2.5	4.5	1.8	0.23	0.02	2.09	1.09	0.88	14
	苜蓿	25.0	5.2	0.4	7.9	9.3	2.2	0.52	0.06	4.44	2.68	2.17	37
	三叶草	18.6	4.9	0.6	3.1	7.0	3.0	—	0.01	3.18	2.30	1.88	38
	沙打旺	31.5	3.6	0.5	10.4	14.4	2.6	—	—	5.39	2.89	2.38	25
	甜菜叶	8.7	2.0	0.3	1.0	3.5	1.9	0.11	0.04	1.38	0.96	0.79	13
	向日葵叶	20.0	3.8	1.1	2.9	8.8	3.4	0.52	0.06	3.39	2.09	1.72	24
	小叶胡枝子	41.9	4.9	1.9	12.3	20.5	2.3	0.45	0.02	7.69	4.14	3.39	34
	紫云英	13.0	2.9	0.7	2.3	5.6	1.3	0.18	0.07	2.38	1.76	1.42	21
树叶类	槐树叶	88.0	21.4	3.2	10.9	45.8	6.7		0.26	16.31	10.83	8.87	141
	柳树叶	86.5	16.4	2.6	16.2	43.0	8.3		—	15.36	7.61	6.28	64
	梨树叶	88.0	13.0	3.9	10.9	51.0	8.6	1.41	0.10	15.61	8.70	7.15	82
	杨树叶	92.6	23.3	5.2	22.8	32.8	8.3			17.41	7.03	5.77	92
	榆树叶	88.0	15.3	2.6	9.7	49.5	10.9	2.24	0.19	15.10	8.58	7.03	96
	榛树叶	88.0	12.6	6.2	7.3	56.3	5.6	1.17	0.18	16.57	9.16	7.53	79
	紫穗槐叶	88.0	20.5	2.9	15.5	43.8	5.3	1.20	0.12	16.44	10.79	8.83	135
青贮类	草木樨青贮	31.6	5.4	1.0	10.2	10.9	4.1	0.58	0.08	5.40	3.26	2.68	39
	胡萝卜青贮	23.6	2.1	0.5	4.4	10.1	6.5	0.25	0.03	3.22	2.72	2.22	10
	胡萝卜秧青贮	19.7	31.0	1.3	5.7	4.8	4.8	0.35	0.03	3.10	2.05	1.67	20
	马铃薯秧青贮	23.0	2.1	0.6	6.1	8.9	5.3	0.27	0.03	5.39	1.72	1.42	8
	苜蓿青贮	33.7	5.3	1.4	12.8	10.3	3.9	0.50	0.10	5.86	3.26	2.68	34
	甜菜叶青贮	37.5	4.6	2.4	7.4	14.6	8.5	—	—	5.90	3.81	3.10	31
	玉米青贮	22.7	1.6	0.6	6.9	11.6	2.0	0.10	0.06	—	2.26	—	8

（续表）

饲料分类	饲料名称	干物质(%)	粗蛋白质(%)	粗脂肪(%)	粗纤维(%)	无氮浸出物(%)	粗灰分(%)	钙(%)	磷(%)	总能(兆焦/千克)	消化能(兆焦/千克)	代谢能(兆焦/千克)	可消化粗蛋白质(克/千克)
块根块茎瓜果类	甘薯(鲜)	25.0	1.0	0.3	0.9	22.0	0.8	0.13	0.05	4.39	3.68	3.01	6
	胡萝卜（红色）	8.2	0.8	0.3	1.1	5.0	1.0	0.08	0.04	1.38	1.21	1.00	6
	胡萝卜（黄色）	8.8	0.5	0.1	1.14	6.1	0.7	0.11	0.07	1.46	1.33	1.09	4
	白萝卜	7.0	1.3	0.2	1.0	3.7	0.8	0.04	0.03	1.21	1.0	0.84	9
	马铃薯	23.5	2.3	0.1	0.9	18.9	1.3	0.33	0.07	4.06	3.47	2.85	14
	蔓菁	15.3	2.2	0.1	1.4	10.4	1.2	0.03	0.03	2.64	2.30	1.88	14
	南瓜	10.9	1.5	0.6	0.9	7.2	0.7	—	—	2.01	1.72	1.42	12
	甜菜	11.8	1.6	0.1	1.4	7.0	1.7	0.05	0.05	1.88	1.72	1.38	12
干草类	稗草	93.4	5.0	1.8	37.0	40.8	8.8	—	—	15.56	8.08	6.61	21
	冰草	84.7	15.9	3.0	29.6	32.6	3.6	—	—	15.9	8.24	6.74	57
	草木樨黄芪	85.0	28.8	6.8	22.0	22.5	4.9	2.50	0.50	17.36	10.38	8.49	181
	黑麦草	87.8	17.0	4.9	20.4	34.3	11.2	0.39	0.24	15.61	10.88	8.91	105
	狗尾草	93.5	7.8	1.2	.34.5	43.5	6.5	—	—	16.02	7.87	6.44	144
	混合牧草（夏季）	90.1	13.9	5.7	34.4	22.9	6.0	—	—	15.61	7.20	5.90	78
	混合牧草（秋季）	92.2	9.6	4.7	27.2	42.8	7.9	—	—	16.44	10.21	8.37	60
	棘豆	91.5	16.3	2.7	35.6	30.0	6.9	—	—	16.48	9.79	8.03	117
	苜蓿草	88.7	19.7	5.0	28.5	27.6	7.9	0.51	0.61	16.53	9.87	8.12	132
	碱草	90.1	13.4	2.6	31.5	37.4	5.2	0.34	0.43	16.36	8.66	7.07	48
	芦苇	92.9	5.1	1.9	38.2	738.8	8.9	2.56	0.34	15.48	6.99	5.73	22
	马蔺	90.0	12.4	5.7	14.0	48.0	9.9	—	—	16.10	8.37	6.86	63
	苜蓿干草（花期）	90.0	17.4	4.6	38.7	22.4	6.9	1.07	0.32	16.69	7.87	6.49	89
	雀麦草	94.3	5.7	2.2	34.1	46.1	6.2	—	—	16.31	8.49	6.95	16
	沙打旺	92.4	15.7	2.5	25.8	41.1	7.3	0.36	0.18	16.48	10.46	8.57	118
	沙蒿	88.5	15.9	6.9	26.0	31.1	8.6	3.05	0.48	16.53	9.46	7.74	91
	苏丹草	85.8	10.5	1.5	28.6	39.2	6.0	0.33	0.14	15.02	9.50	7.78	66
	羊草	88.3	3.2	1.3	32.5	46.2	5.10	0.25	0.18	15.10	6.53	5.36	16
	野干草	90.6	8.9	2.0	33.7	39.4	6.6	0.54	0.09	15.77	7.99	6.57	53

饲料分类	饲料名称	干物质(%)	粗蛋白质(%)	粗脂肪(%)	粗纤维(%)	无氮浸出物(%)	粗灰分(%)	钙(%)	磷(%)	总能(兆焦/千克)	消化能(兆焦/千克)	代谢能(兆焦/千克)	可消化粗蛋白质(克/千克)
农副产品类	蚕豆秸	92.3	14.2	2.4	23.2	23.5	19.0	2.17	0.48	14.31	7.57	6.19	67
	大豆荚	85.9	6.5	1.0	27.4	38.4	12.6	0.64	0.10	13.51	7.24	5.94	31
	大麦秸	95.2	5.8	1.8	33.8	43.4	10.4	0.13	0.02	15.65	7.74	6.36	10
	稻草	94.0	3.8	1.1	32.7	40.1	16.3	0.18	0.05	14.14	6.90	5.64	14
	高粱秸	95.2	3.7	1.2	33.9	48.0	8.4	—	—	15.73	7.70	6.32	14
	谷草	90.7	4.5	1.2	32.6	44.2	8.2	0.34	0.03	15.02	6.28	6.02	17
	豌豆秕壳	92.7	6.6	2.2	36.7	28.2	19.0	1.82	0.73	13.85	5.94	4.85	19
	豌豆茎叶	91.7	8.3	2.6	30.7	42.4	7.7	2.33	0.10	15.86	8.49	6.95	39
	小麦秸	91.6	2.8	1.2	40.9	41.5	5.2	0.26	0.03	15.61	5.74	4.69	8
	小麦秕壳	90.7	7.3	1.7	28.2	43.5	10.0	0.50	0.71	15.02	7.24	5.94	28
	莜麦秕壳	93.7	3.6	2.4	35.6	38.4	13.7	0.92	0.41	14.81	7.28	5.98	14
	油菜秆	94.4	3.0	1.3	55.3	31.0	3.8	0.55	0.03	16.40	6.95	5.69	2
	玉米秸	90.0	5.9	0.9	24.9	50.2	8.1	—	—	14.98	8.62	7.07	21
	玉米果穗包叶	91.5	3.8	0.7	33.7	49.9	3.4	—	—	15.90	9.25	7.5	14
谷实类	大麦	91.1	12.6	2.4	4.1	69.4	26.0	—	0.30	16.86	14.56	11.92	100
	高粱	89.3	8.7	3.3	2.2	72.9	2.2	0.09	0.28	16.56	13.89	11.42	58
	青稞	87.0	9.9	2.5	2.8	69.5	2.3	—	0.42	16.07	13.97	11.46	78
	荞麦	87.1	9.9	2.3	11.5	60.7	2.7	0.09	0.30	15.94	11.13	9.12	71
	粟	91.9	9.7	2.6	7.4	67.1	5.1	0.06	0.26	3.93	16.44	9.52	70
	小麦	91.8	12.1	1.8	2.4	73.2	2.3	—	0.36	16.86	14.73	12.09	94
	燕麦	90.3	11.6	5.2	8.9	60.7	3.9	0.15	0.32	17.02	13.18	10.84	97
	玉米	88.4	8.6	3.5	2.0	72.9	1.4	0.04	0.21	16.57	15.40	12.64	65
糠麸类	大豆皮	92.1	12.3	2.7	36.4	35.7	5.0	0.64	0.29	16.65	9.29	7.61	90
	大麦麸	91.2	14.5	1.9	8.2	63.6	3.0	0.04	0.40	16.82	11.59	9.59	109
	麸皮	88.8	15.6	3.5	8.4	56.3	5.0	—	0.98	16.48	11.21	9.20	117
	高粱糠	87.5	10.9	9.5	3.2	60.3	3.6	0.10	0.84	17.49	13.47	11.05	62
	谷糠	91.9	7.6	6.9	22.6	45.0	9.8	—	—	16.40	8.54	6.99	33
	黑麦麸	91.7	8.0	2.1	19.1	57.9	4.6	0.05	0.13	16.28	9.08	7.45	46
	青稞麸	90.6	12.7	4.2	12.7	5.84	2.6	0.02	0.41	17.15	11.88	9.75	100
	小麦麸	88.6	14.4	3.7	9.2	56.2	5.1	0.18	0.78	16.4	11.09	9.08	108
	玉米糠	87.5	9.9	3.6	9.5	61.5	3.0	0.08	0.48	16.23	11.38	9.33	56
	玉米皮	86.1	5.8	0.5	12.0	66.5	1.3	—	—	15.36	10.79	8.87	33

（续表）

饲料分类	饲料名称	干物质(%)	粗蛋白质(%)	粗脂肪(%)	粗纤维(%)	无氮浸出物(%)	粗灰分(%)	钙(%)	磷(%)	总能(兆焦/千克)	消化能(兆焦/千克)	代谢能(兆焦/千克)	可消化粗蛋白质(克/千克)
豆类	蚕豆	88.0	24.9	1.4	7.5	50.9	3.3	0.15	0.40	16.74	14.52	11.92	217
	大豆	88.0	37.0	16.2	5.1	25.1	4.6	0.27	0.48	20.50	17.61	14.48	333
	黑豆	90.0	37.7	13.8	6.6	27.4	4.5	0.25	0.50	23.38	17.28	14.14	339
	豌豆	88.0	22.6	1.5	5.9	55.1	2.9	0.13	0.39	16.69	14.52	11.92	194
油饼类	菜籽	92.2	36.4	7.8	10.7	29.3	8.0	0.73	0.95	18.79	14.85	12.18	313
	豆饼	90.6	43.0	5.4	5.7	30.6	5.9	0.32	0.50	18.74	15.94	13.09	336
	胡麻饼	92.0	33.1	7.5	9.8	34.0	7.6	0.58	0.77	18.54	14.48	11.88	285
	棉籽饼	92.2	33.8	6.0	15.1	31.2	6.1	0.31	0.64	18.58	13.72	11.25	267
	向日葵饼	93.3	17.4	4.1	39.2	27.8	4.8	0.40	0.94	17.53	7.03	5.77	151
	芝麻饼	92.0	39.2	10.3	7.2	24.9	10.4	2.24	1.19	19.04	14.69	12.05	357
糟渣类	豆腐渣	15.0	4.6	1.5	3.3	5.0	0.6	0.08	0.05	3.14	2.55	2.09	40
	粉渣	81.5	2.3	0.6	8.0	66.6	4.0	—	—	13.89	11.09	9.08	0
	酒渣	45.1	5.8	4.1	15.8	14.9	4.5	0.14	0.26	5.77	2.51	2.05	35
	甜菜渣	10.4	1.0	0.1	2.3	6.7	0.3	0.05	0.01	1.84	1.42	1.17	6
动物性饲料	牛乳（全脂乳）	12.3	3.1	3.5	—	5.0	0.7	0.12	0.09	3.01	2.93	2.38	29
	牛乳（脱脂乳）	9.6	3.7	0.2	—	5.0	0.7	—	—	1.84	1.76	1.46	35
	牛乳粉（全脂）	98.0	26.2	30.6	—	35.5	5.7	1.03	0.88	24.52	23.97	19.66	249
	血粉（猪血）	88.9	84.7	0.4	—	—	3.2	0.04	0.22	20.46	14.43	11.84	601
	鱼粉（国产）	91.2	38.6	4.6	—	20.7	27.3	6.13	1.03	14.64	11.17	9.16	344
	鱼粉（秘鲁）	89.0	60.5	9.7	—	4.4	14.4	3.91	2.90	19.04	16.74	13.72	538

三、日粮配合方法与步骤

在舍饲条件下，绒山羊的日粮要求营养全面，能够满足其不同生理阶段的营养需要。因此，在配制日粮时，除了参照绒山羊的饲养标准，注意饲草饲料就地取材、品种多种多样、质量上乘、优质廉价和以粗饲料为主等原则外，还要掌握日粮的具体配制方法。现举例说明如下：现有野干草、玉米秸粉、玉米粗面、豆饼、麸皮、骨粉、食盐、胡萝卜等几种饲料，如何配制体重40千克泌乳期母绒山羊日粮呢？

第一步：查阅饲养标准表。

经查阅《绒用和毛用种母山羊饲养标准》得知，体重40千克泌乳期母绒山羊的饲养标准为：干物质1.6千克，代谢能16兆焦，粗蛋白质255克，食盐14克，钙8克，磷5.5克，胡萝卜素19毫克。

第二步：计算日粮中粗饲料的营养量。

在粗饲料质量较差的情况下，绒山羊日粮中粗饲料的比例为60%较适宜，因此，日粮中粗饲料野干草和玉米秸粉的干物质含量为0.96千克（1.6千克×60%），折合成实物为1.06千克。如果玉米秸和野干草各喂50%，则每种粗饲料每日喂0.53千克。经查阅羊用饲料营养成分表，便可算出野干草和玉米秸的营养量：代谢能7.23兆焦，粗蛋白质78.5克，钙2.9克，磷0.48克。

第三步：求出日粮中精饲料的营养量。

用饲养标准的数值减去日粮粗饲料的营养量，就是日粮精饲料的营养量。经计算，精饲料的营养量为：干物质为0.64千克，代谢能为8.77兆焦，粗蛋白质为176.5克，钙为5.1克，磷为5.02克。

第四步：求出日粮中精饲料各种成分的比例。

因日粮精饲料干物质含量为0.64千克，折合成实物为0.71千克。用试差法计算，设0.71千克精饲料中有玉米粗粉0.28千克、豆饼0.32千克、麸皮0.11千克，经查阅饲料营养价值表，就可计算出3种饲料的营养量合计为：代谢能8.73兆焦、精蛋白质177.5克、钙1.33克、磷3.05克。这些数值中，代谢能及粗蛋白质与饲养标准的要求基本相符，钙、磷不足，只要再添加适量的钙、磷和胡萝卜素就可以了。经计算，日粮中再添加12克骨粉和30克胡萝卜就可以达到要求。

第五步：列出日粮饲料配方表。

根据前面计算的结果列出日粮饲料配方表4-8。

表4-8　体重40千克母绒山羊日粮配方表

饲料	饲喂量（千克）	占日粮比例（%）
野干草	0.53	29
玉米秸粉	0.53	29
玉米粗粉	0.28	15.3
豆饼	0.32	17.5
麸皮	0.11	6.0
骨粉	0.01	0.7
胡萝卜	0.03	1.6

第六节 牧草栽培与生产技术

一、栽培牧草品种的选择

（一）牧草品种的选择原则

在一个特定的地区选择适宜栽培的牧草品种，必须根据当地的气候条件、土壤状况、牧草利用的方式及牧草品种的生态适应4个方面来决定。一般应按同纬度的原则引种，水肥条件较好的地区，可选择喜水喜肥的高产牧草；干旱少雨地区应选择抗旱性强的品种；冬季气候寒冷的地区，应选择抗寒性较强的品种。

（二）栽培牧草品种的区划

《中国多年生栽培草种区划》一书把全国划分为9个栽培区和40个亚区，可供引种牧草参考。

1. 东北羊草、苜蓿、沙打旺、胡枝子栽培区

本区包括内蒙古的呼伦贝尔盟、兴安盟和黑龙江、吉林、辽宁3省。该区分为6个亚区：一是大兴安岭羊草、苜蓿、沙打旺亚区。本亚区当家品种为羊草和紫花苜蓿，无芒雀麦可作为辅助当家品种；二是三江平原苜蓿、无芒雀麦、山野豌豆亚区。本区的当家草种为紫花苜蓿、无芒雀麦、山野豌豆；三是松嫩平原羊草、苜蓿、沙打旺亚区。本区的当家草种为羊草、紫花苜蓿和沙打旺。在轻碱地和改良退化草地以种植羊草效果最好，在土壤较肥沃、水分条件较好的地方种植紫花苜蓿经济效益和生态效益最佳，在瘠薄沙坨地和岗坡地则以耐寒、耐旱、耐瘠薄、产量高的沙打旺为主；四是松辽平原苜蓿、无芒雀麦亚区。本亚区的当家品种为紫花苜蓿和无芒雀麦；五是东北长白山山区苜蓿、胡枝子和无芒雀麦亚区。本亚区的当家草种为紫花苜蓿；六是辽西低山丘陵沙打旺、苜蓿、羊草亚区。

2. 内蒙古高原苜蓿、沙打旺、老芒麦、内蒙古岩黄芪栽培区

本区可分为7个亚区：一是内蒙古中南部老芒麦、披碱草、羊草亚区。本亚区主要草种为羊草、较抗旱的老芒麦、披碱草、苜蓿也可栽培。沙质土壤中可种植沙打旺、冰草；二是内蒙古东南部苜蓿、沙打旺、羊草亚区。适于

本区种植的牧草品种较多，有紫花苜蓿、沙打旺、草木樨、毛苕子、羊草、老芒麦、披碱草和冰草；三是河套——土默特平原苜蓿、羊草亚区。本亚区为灌溉农业区，适宜种植的牧草品种很多，有紫花苜蓿、草木樨、毛苕子、羊草等；四是内蒙古中北部披碱草、沙打旺、柠条亚区；五是鄂尔多斯柠条、内蒙古岩黄芪、沙打旺亚区。适宜本亚区种植的牧草多为半灌木；六是内蒙古西部琐琐、沙拐枣亚区；七是宁甘河西走廊苜蓿、沙打旺、柠条、细枝岩黄芪亚区。

3. 黄土高原苜蓿、沙打旺、小冠花、无芒雀麦栽培区

本区可分为4个亚区：一是晋东、豫西丘陵山地苜蓿、沙打旺、小冠花、无芒雀麦、苇状羊茅亚区。当家草种为苜蓿、沙打旺、小冠花、无芒雀麦、苇状羊茅；二是汾、渭河谷苜蓿、小冠花、无芒雀麦、鸡脚草、苇状羊茅亚区；三是晋陕甘宁高原丘陵沟壑苜蓿、沙打旺、红豆草、小冠花、无芒雀麦、扁穗冰草亚区。本亚区北部可飞播沙打旺、白沙蒿，其他地区可大面积种植紫花苜蓿、红豆草、无芒雀麦、冰草等；四是陇中青东丘陵沟壑苜蓿、沙打旺、红豆草、扁穗冰草、无芒雀麦亚区。

4. 黄淮海苜蓿、沙打旺、无芒雀麦、苇状羊茅栽培区

本区可分为5个亚区：一是北部、西部山地苜蓿、沙打旺、葛藤、无芒雀麦亚区；二是华北平原苜蓿、沙打旺、无芒雀麦亚区；三是黄淮平原苜蓿、沙打旺、苇状羊茅、菊苣亚区。本区应选择耐旱、抗盐，并能改良土壤的牧草和紫花苜蓿、沙打旺；四是鲁中南山地丘陵沙打旺、苇状羊茅、小冠花亚区；五是胶东低山丘陵苜蓿、百脉根、黑麦草亚区。

5. 长江中下游白三叶、黑麦草、苇状羊茅、雀稗栽培区

本区可分为3个亚区：一是苏浙皖鄂豫平原丘陵白三叶、苇状羊茅、苜蓿亚区；二是湘赣丘陵山地白三叶、岸杂1号狗茅根、苇状羊茅、紫花苜蓿、雀稗、菊苣亚区；三是浙皖丘陵山地白三叶、苇状羊茅、多年生黑麦草、鸡脚草、红三叶、菊苣亚区。

6. 华南宽叶雀稗、狗尾草、大翼豆、银合欢栽培区

本区分为4个亚区：一是闽、粤、桂南部丘陵平原大翼豆、银合欢、柱花草、狗尾草、宽叶雀稗、象草亚区；二是闽、粤、桂北部低山丘陵银合欢、山

蚂蝗、宽叶雀稗亚区；三是滇南低山丘陵大翼豆、柱花草、宽叶雀稗、象草亚区；四是中国台湾山地平原银合欢、山蚂蝗、柱花草、毛花雀稗、象草亚区。

7.西南白三叶、黑麦草、红三叶、苇状羊茅栽培区

本区分为4个亚区：一是四川盆地丘陵平原白三叶、黑麦草、苇状羊茅、扁穗牛鞭草、聚合草亚区；二是川陕甘秦巴山地白三叶、红三叶、紫花苜蓿、黑麦草、鸡脚草亚区；三是川鄂湘边境山地白三叶、红三叶、黑麦草、鸡脚草亚区；四是云贵高原白三叶、红三叶、紫花苜蓿、黑麦草、园草芦亚区。

8.青藏高原老芒麦、垂穗披碱草、中华羊茅、苜蓿栽培区

本区可分为5个亚区：一是藏南高原河谷苜蓿、红豆草、无芒雀麦亚区；二是藏东川西河谷山地老芒麦、无芒雀麦、苜蓿、红豆草、白三叶亚区；三是藏北青南垂穗披碱草、老芒麦、中华羊茅、冷地早熟禾亚区；四是环湖甘南老芒麦、垂穗披碱草、中华羊茅、无芒雀麦亚区；五是柴达木盆地沙打旺、苜蓿亚区。

9.新疆苜蓿、无芒雀麦、老芒麦、木地肤栽培区

本区可分为2个亚区：一是北疆苜蓿、木地肤、无芒雀麦、老芒麦亚区；二是南疆苜蓿、沙枣亚区。

二、常见牧草的种植利用技术

（一）紫花苜蓿种植利用技术

紫花苜蓿为豆科多年生牧草，是全世界种植面积最大的牧草品种之一，被誉为"牧草之王"。中国已有2 000年的栽培历史，西北、华北及其他一些地区种植面积最大。紫花苜蓿喜欢温暖、半干旱到半湿润的气候，抗旱、耐寒性较强，耐盐碱，改良土壤效果明显，最适宜在年降水量500～800毫米的地区生长。

紫花苜蓿种子较小，苗期生长缓慢，播种前要精细整地，要求深耕、细耙、做到地平、土碎、无杂草。播种前每亩施有机肥2 500千克，过磷酸钙50千克。苜蓿以春播和秋播为主，也可夏播。一般在气候比较寒冷、生长季较短，但春季墒情较好、风沙较小的地区以春播为主，如东北、西北冷凉地区；在比较温暖的华北地区、江淮流域，以秋播为宜；在春季干旱，风沙较大，无灌溉条件的地区可在雨季夏播。苜蓿播种量一般每亩1～1.5千克，播

种深度2厘米左右，播种方法有条播、撒播、点播，通常以条播为主。条播行距20～30厘米，播种后适当镇压保墒。苜蓿可以单播，也可以与无芒雀麦、苇状羊茅、黑麦草、鸡脚草等禾本科牧草混播。苜蓿苗期生长较慢，易受杂草危害，因此，苗期应注意防除杂草。

紫花苜蓿再生能力较强，每年可刈割2～5次，多数地区以每年刈割3次为佳。最佳刈割时期为开花初期，刈割留茬高度4～5厘米。条件允许时，每次刈割后应进行追肥、浇水、中耕。苜蓿在中原和华北地区每年可刈割4～5次，每亩可产鲜草3 000～6 000千克，折合干草750～1 000千克。

苜蓿营养丰富，适口性良好，是马、牛、羊、猪、兔、禽和草食性鱼类的良好蛋白质和维生素补充饲料。可以鲜喂，也可以调制青贮、干草，加工草块、草颗粒和草粉。用苜蓿草粉代替秸秆育肥羔羊，日增重可提高75%；用苜蓿青草喂牛、羊等反刍动物时，应控制采食量，以防止瘤胃臌胀（图4-22）。

图4-22　紫花苜蓿

（二）红豆草的种植利用技术

红豆草为豆科多年生牧草，寿命2～7年，根系强大，抗旱性较强。红豆草喜温暖干燥气候，抗旱能力超过紫花苜蓿，但抗寒能力不及紫花苜蓿，在年平均气温12～13℃、年降水量350～500毫米的地区生长最好，是干旱及半干旱地区最主要的豆科牧草。

红豆草种子较大，发芽出土较快，播种后3～4天即可发芽，6～7天出苗。红豆草种子一般带荚播种，播种前应精细整地，施足基肥。基肥以有机肥、磷肥、钾肥为主，也可施少量氮肥。红豆草播种时间春秋皆可，冬季寒冷地区宜春播，冬季较温暖地区宜秋播。不论春播或秋播，均应掌握宜早不宜迟的原则，尽量早播。每亩播种量3～4千克，播种深度3～4厘米，播种后适当镇压。播种方法以条播为主，行距30厘米左右。红豆草播种后出苗前若遇雨土壤板结，应及时进行耙耱破除板结，否则会影响出苗，造成严重缺苗。苗期易受杂草危害，应及时中耕除草。

红豆草每年可刈割2～4次，每亩产干草500～1 000千克。红豆草营养丰富，除含蛋白质外，还含有丰富的维生素和矿物质元素，不论青饲还是调制干草，都是家畜的优等饲草，马、牛、羊、兔、鹿、鸵鸟等草食动物均喜食。红豆草与紫花苜蓿和三叶草相比，具有四大优点：一是红豆草各个生育阶段茎叶均含有较高的浓缩单宁，反刍家畜采食后不会引起臌胀病；二是红豆草茎秆中空，调制干草过程中叶片损失较少，调制干草比较容易；三是红豆草春季返青早，生长快；四是红豆草病虫害较少。

（三）沙打旺的种植利用技术

沙打旺为豆科多年生草本植物，为旱生、半旱生植物。具有耐寒、耐旱、耐瘠、耐盐、抗风沙的能力，喜温暖气候，适于在年平均气温8～15℃、年降水量300～500毫米的地区种植，在中国北方地区能安全越冬。在一般杂草和牧草不能生长的瘠薄地上，仍能生长。沙打旺固沙固土能力强，在风沙地区，特别是在黄河故道上种植，播种当年即可成苗。沙打旺最大的特点是抗逆、高产、优质，用途较广，是中国"三北"地区、沙漠化地区植树种草、治理风沙、保持水土、改良荒山草坡的先锋植物。

沙打旺种子比苜蓿种子还小，播前必须深耕细耙，并施农家肥或磷肥作基肥。沙打旺一年四季均可播种，但以春播和秋播为主。在春旱严重的地区，以早春顶凌播种为宜；在春季风大、土壤墒情不好的地区，可以在夏季下透雨后抢墒播种或秋季播种，也可以在初冬地面开始上冻时进行寄籽播种。沙打旺每亩播种量1～1.5千克，播深1～2厘米。播种方式有条播、撒播或点播。沙打旺是北方地区最主要的飞播草种。

沙打旺营养丰富，适口性较好，是草食畜的优质饲草。无论干草、鲜草各种家畜均喜食，骆驼最喜食，其他家畜最初不喜食，经过一段时间习惯后则喜食。沙打旺每年可刈割2～3次，每亩产干草600～1 000千克。

（四）三叶草的种植利用技术

三叶草为多年生豆科牧草，是豆科牧草中分布最广的一类，几乎遍及世界各地，全世界约有300多种，最常用的有白三叶和红三叶。三叶草喜温暖湿润气候，适宜生长在气温19～24℃、年降水量不少于600～800毫米的地区。白三叶适应性较强，耐寒、耐热、耐旱能力较强，种子随落地随萌芽生长，使草层盖度逐年增加，为优良的下繁草，耐牧性强，是长江以南各地区最主要的豆科牧草（图4-23）。

图4-23　三叶草

白三叶种子很小，幼苗生长缓慢，加之根系入土不深，所以，整地务必精细，清除杂草，施足基肥。白三叶可春播或秋播，北方地区宜在3～4月份春播，南方地区以秋播为主。条播、撒播、飞播均可。每亩播种量0.5千克，播深1～1.5厘米。白三叶最适宜与禾本科牧草如黑麦草、鸡脚草、猫尾草、羊茅、雀稗、牛尾草等牧草混播，建立中长期放牧草地。

白三叶茎叶细软，叶量丰富，适口性很好，营养成分和消化率均高于紫花苜蓿，各种家畜均喜食，是马、牛、羊、猪、禽、兔的优质饲草。白三叶再生性强，耐践踏，最适宜放牧利用，也可刈割，常与多年生黑麦草混播。从生长第二年起，每年可刈割3～4次，一般每亩可产鲜草2 500～4 500千克，最高可达8 000千克。白三叶草固氮、改土、养地作用明显，可用作稻田绿肥。

（五）柠条的种植利用技术

柠条为豆科多年生灌木，为旱生植物，多年生于砂砾质土壤，喜生于固定、半固定沙地。耐寒、耐酷热，在-39℃的低温下仍能安全越冬，在夏季地表温度达45℃时亦能正常生长。极耐旱，根系入土深，能充分利用土壤深层的水分，在年降水量150毫米以下的地区生长良好。耐风蚀，耐沙埋。

柠条一般采用种子直播。在沙地上一般不需整地；在黏重的土壤上可进行条带状整地；在黄土丘陵沟壑地区，视地形情况，进行等高条带状整地或挖鱼鳞坑。播种期春、夏、秋均可，但以雨季抢墒播种效果最好。播种方式条播、点播、撒播均可，每亩播种量1～1.5千克，播种深度3厘米。柠条幼苗生长缓慢，播种后应围封保护2～3年，严禁放牧。柠条寿命长，可一年种植多年利用，当生长到8~10年、植株衰老时，应于立冬到翌年春季解冻前平茬，把枝条全部贴地面割掉，以利其从根茎上生长新枝，恢复生机。

柠条营养丰富，枝叶繁茂，产草量高，但适口性较差。绵羊和山羊春季喜食其幼嫩枝叶，春末喜食其花，夏秋采食较少，初霜后又喜食；骆驼一年四季均喜食。

柠条不仅是很好的饲用灌木，也是十分重要的保水、防风、固沙植物。

（六）无芒雀麦的种植利用技术

无芒雀麦为禾本科雀麦属多年生草本植物，是北方地区最主要的禾本科牧草。对气候的适应性很强，适宜冷凉、干燥的气候条件，在夏季不太热，年降水量400~500毫米的地区生长良好。抗寒性强，在-30℃低温下能安全越冬。对水肥敏感，有一定的耐湿、耐盐碱能力。但在贫瘠的土壤上生长较差，不适宜在高温、高湿地区生长。

无芒雀麦春播、秋播均可，但在风沙较大的地区，夏秋雨季播种较好。春播须在前一年秋季耕翻整地；夏播和秋播须在播种前1个月耕翻整地，播种前再进行耙地，使地面平整，土块细碎。并施足基肥，一般每亩施有机肥1 500~2 000千克，过磷酸钙30千克。一般采用条播，行距15~30厘米，每亩播种量1.5~2千克，播种深度3~4厘米。无芒雀麦除单播外，还可与其他牧草混播，在北方干旱地区宜与紫花苜蓿、红豆草、沙打旺按1：1的比例混播，在南方高海拔地区可与红三叶混播。

无芒雀麦营养价值高，叶量丰富，草质好，适口性良好，各种草食畜均喜食。无芒雀麦寿命长，一般可利用6~7年，在管理水平较高的情况下，可以利用10年以上。无芒雀麦可以青饲，也可以青贮或调制干草，还可以放牧。从生长第二年起，每年可刈割2~3次，每亩可产鲜草1 000~2 000千克。

（七）羊草的种植利用技术

羊草为禾本科赖草属牧草，具有发达的横走根茎。耐寒、耐旱、耐践踏、耐盐碱，具有广泛的适应性。在-40℃的低温下仍可越冬，能在降水量300毫米的草原地区生长，喜湿润的河壤或轻质土壤，亦能在排水不良的轻度盐化草甸上生长，羊草返青早、枯黄迟，在内蒙古及东北地区青草期可达200天，利用期可达10~20年。

羊草可用种子繁殖，也可用根茎进行无性繁殖。用种子直播时，播前必须精细整地，做到土壤细碎，地面平整，每亩施有机肥1 500～2 000千克，复合肥30千克。以夏季雨季播种为主，每亩播种量2～3千克。条播行距15～30厘米，播深2～4厘米，播后镇压。

羊草草群叶量丰富，适口性好，各种家畜均喜食，尤其大家畜喜食，被广大牧民誉为"抓膘植物"，即使在冬季枯草季节，马、牛、羊也喜食。羊草可青饲或调制干草，栽培羊草主要用于晒制干草，其特点是营养枝比例大，颜色深绿，气味芳香，是草食畜的上等青干草。羊草每年可刈割2～3次，每亩产干草300～500千克。羊草是中国东北最主要的饲草资源，其优质干草除供应国内外，还是主要的出口牧草产品之一。

（八）多年生黑麦草的种植利用技术

多年生黑麦草为禾本科黑麦草属短寿命多年生牧草，一般寿命3～4年。多年生黑麦草的特点是生长发育快，产草量高，适宜在夏季凉爽、冬季不太寒冷的地区生长；最适宜在年降水量500～1 500毫米地区生长；不耐炎热，35℃以上的高温天气，生长则受阻；不耐严寒，难耐-15℃的低温；喜排水良好的壤土和黏土。

多年生黑麦草在冬季寒冷地区只能春播，春季干旱地区可以复播，在长江流域及以南各地春秋季均可播种。播种方法以条播、撒播均可。条播行距15～30厘米，播深2～3厘米，每亩播种量1～1.5千克。

多年生黑麦草是一种经济价值很高的牧草，茎叶繁茂，幼嫩多汁，各种家畜均喜食，是马、牛、羊、猪、禽、兔和草食性鱼类的优质饲草。产量高，再生能力强，每年可刈割3～4次，每亩可产青草3 000～4 000千克。适于青饲和调制干草（图4-24）。

图4-24　多年生黑麦草

（九）菊苣的种植利用技术

菊苣为菊科多年生草本植物。寿命中等，可利用4～5年。喜温暖湿润气候，喜水喜肥，高产优质。较耐寒、耐热，在山西省太原及以南地区能安全越冬。

菊苣以种子直播为主。因其种子细小，播前应精细整地，深耕细耙，每亩施有机肥 2 500～3 000 千克。春播、秋播均可，每亩播种量 0.5 千克左右。以条播为主，行距 35～40 厘米。播种时最好与沙或细土等物混合撒籽，以达到匀苗之目的。覆土厚度 1.5～2 厘米，播种后适当镇压，苗期注意中耕除草。菊苣生长速度快，需水需肥较多，从第二年起每年每亩应追施氮肥 25～30 千克，可在返青及每次刈割后结合中耕及灌水分批施入。菊苣在干旱或半干旱地区必须春灌和冬灌（图4-25、图4-26）。

图4-25　菊苣叶形　　　　　　　　　　图4-26　菊苣开花

菊苣产草量高，营养丰富，含有家畜、家禽所需的多种营养成分，适口性好，是牛、羊、猪、鸡、兔及草食性鱼类的优质青饲料。莲座叶丛期适宜饲喂猪、鸡、兔等小型草食畜禽，抽薹开花期适宜饲喂牛、羊等草食家畜。菊苣在山西省太原地区每年可刈割 3 次，每亩可产干草 1 700 千克；在长江中下游地区每年可刈割 5 次以上，每亩可产干草 2 200 千克。菊苣含水量较高，一般以青饲为主，也可与禾本科牧草或农作物秸秆混合青贮。

第五章　绒山羊的饲养管理技术

饲养与管理是绒山羊生产中很重要的环节。绒山羊的产绒量、绒毛品质、繁殖率、羔羊成活率等生产性能，都与饲养与管理有着密切的关系。因此，掌握科学的饲养管理技术对于绒山羊的高效益生产具有重要的意义。

第一节　生活习性

了解绒山羊的生活习性，其目的就是想在饲养管理中为其提供适合群体或个体习性的条件和设备，以达到提高生产效益的目的。

一、活泼好动喜登高

绒山羊的生性活泼好动，行动敏捷，在山区的陡坡和悬崖上，山羊能够行走自如。甚至能将前肢腾空，后肢直立采食牧草或树叶。

二、胆大易调教

山羊行动敏捷、顽强，对外界反应敏感，易于领会人的意图，易于驯练。牧工常在羊群中用去势的山羊作为领头羊。

三、胃肠发达，采食性大

绒山羊为反刍家畜，胃的容积挺大，瘤胃、网胃中有大量微生物，并具有发达的乳头突起，可以对种类较多的饲草料进行机械和发酵消化。

四、合群性强

绒山羊活泼好动，合群性强，不论是舍饲或放牧，都喜欢群居，喜欢靠在一起。

五、喜居干燥，厌恶潮湿

绒山羊喜欢在干燥凉爽的山区生活，若运动场或羊舍潮湿，宁肯站立也不肯躺卧休息。

六、适应性与抗病力强

绒山羊可以适应干旱、荒漠、山区等生态环境，能在其他家畜不能利用的土地上生存，对各种疾病的抵抗力强。

七、采食力强

羊嘴尖齿利，唇薄而灵活，加之上下颚强劲，吃草的能力很强。在天然草场上，牛马不能采食的杂草和短草，均可放牧羊群。此外，羊群还能利用庄稼茬地，拣食遗留的谷穗及田埂上的杂草。

第二节　一般管理技术

一、编号

进行绒山羊改良育种、检疫、测重、鉴定等工作，都需要掌握羊的个体情况，为便于管理，需要给羊编号。习惯编号的方法是第一个数字表示出生年份，公羔编单号，母羔编双号（图5-1）。

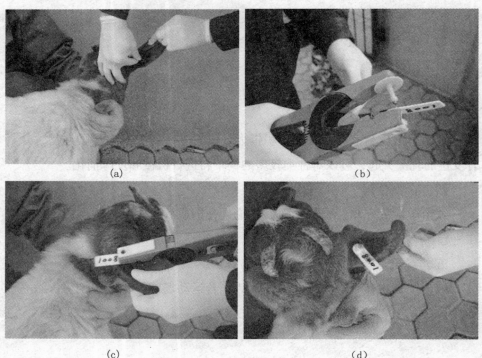

(a)　　　　　　　　　　　　(b)

(c)　　　　　　　　　　　　(d)

图5-1　编号方法

二、去势

羔羊去势是指切除羔羊的睾丸，也叫阉割。一般在出生后2～4周，去势应选择在天气晴暖、无风的上午进行。天气寒冷时可推迟至2月龄。去势过晚，睾丸大，切口大，出血多，易感染，故一般宜早不宜晚。

羔羊的去势法有结扎法，刀切法。结扎法是在公羔生后3～7天进行，将睾丸挤于阴囊用橡皮筋结扎阴囊，隔绝血液向睾丸流通，经过15天后，结扎以下的部位脱落。这种方法不出血，亦可防止感染破伤风。刀切法是由1人固定公羔的四肢，腹部向外显露出阴囊，另一人用左手将睾丸挤紧握住，右手在阴囊下1/3处纵切一切口，将睾丸挤出，拉断血管和精索，伤口用碘酒消毒（图5-2、图5-3）。

图5-2　结扎法去势

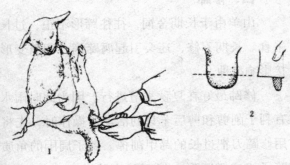
图5-3　刀切法去势示意图

三、去角

公母绒山羊一般均有角，有角羊只不仅在角斗时易引起损伤，而且饲养及管理都不方便，少数性情恶劣的公羊，还会攻击饲养员，造成人身伤害。因此，采用人工方法去角十分重要。羔羊一般在生后7～10天去角，对羊的损伤小。人工哺乳的羔羊，最好在学会吃奶后进行。有角的羔羊出生后，角蕾部呈漩涡状，触摸时有一较硬的凸起。去角时，先将角蕾部分的毛剪掉，剪的面积要稍大些（直径约3厘米）。去角的方法如下所述。

（一）烧烙去角法

将烙铁于炭火中烧至暗红(亦可用功率为300瓦左右的电烙铁)后，对保定好的羔羊的角基部进行烧烙，烧烙的次数可多一些，但每次烧烙的时间不超过

1秒钟，当表层皮肤破坏，并伤及角质组织后可结束，对术部应进行消毒。在条件较差的地区，也可用2～3根40厘米长的锯条代替烙铁使用。

（二）化学去角法

即用棒状苛性碱(氢氧化钠)在角基部摩擦，破坏其皮肤和角质组织。术前应在角基部周围涂抹一圈医用凡士林，防止碱液损伤其他部分的皮肤。操作时先重、后轻，将表皮擦至有血液浸出即可。摩擦面积要稍大于角基部。术后应将羔羊后肢适当捆住（松紧程度以羊能站立和缓慢行走即可）。由母羊哺乳的羔羊，在半天以内应与母羊隔离；哺乳时，也应尽量避免羔羊将碱液污染到母羊的乳房上而造成损伤。去角后，可给伤口撒上少量的消炎粉。

四、修蹄

山羊由于长期舍饲，往往蹄形不正，过长的蹄甲，使羊行走困难，影响采食。长期不修，还会引起腐蹄病，四肢变形等疾病，特别是种公羊，还直接影响配种。

修蹄最好在夏秋季节进行，因为此时雨水多，牧场潮湿，羊蹄甲柔软，有利于削剪和剪后羊只的活动。操作时，先将羊只固定好，清除蹄底污物，用修蹄刀把过长的蹄甲削掉。蹄子周围的角质修得与蹄底基本平齐，并且把蹄子修成椭圆形，但不要修剪过度，以免损伤蹄肉，造成流血或引起感染（图5-4）。

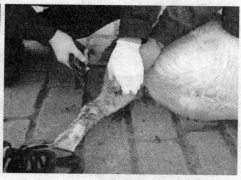

（a）　　　　　　　　　　　　　　（b）

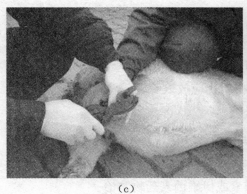

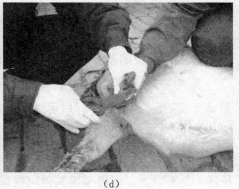

（c）　　　　　　　　　　　（d）

图5-4　修蹄

五、药浴

　　药浴是用杀虫剂药液对羊只体表进行洗浴。山羊每年夏天进行药浴，目的是防治绒山羊体表寄生虫、虱、螨等。常用药有敌杀死、敌百虫、螨净、除癞灵等及其他杀虫剂。羊只药浴时要严格按照药物产品说明书进行药液配制。羊只药浴时应注意以下几点（图5-5）。

（a）　　　　　　　　　　　（b）

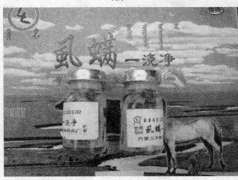

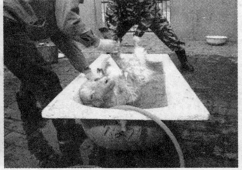

（c）　　　　　　　　　　　（d）

图5-5　药浴

1. 药浴应选择晴朗无大风天气，药浴前8小时停止放牧或喂料，药浴前2～3小时给羊饮足水，以免药浴时吞饮药液。

2. 先浴健康的羊，后浴有皮肤病的羊。

3. 药浴完，羊离开滴流台或滤液栏后，应放入晾棚或宽敞的羊舍内，免受日光照射，过6～8小时后可以喂饮或放牧。

4. 妊娠两个月以上的母羊不进行药浴，可在产后一次性皮下注射阿维速克长效注射液进行防治，安全、方便、疗效高，杀螨驱虫效果显著，保护期长达110天以上。也可采用其他阿维菌素或伊维菌素药物防治。

5. 工作人员应戴好口罩和橡皮手套，以防中毒。

6. 对病羊或有外伤的羊，以及妊娠2个月以上的母羊，可暂时不药浴。

7. 药浴后让羊只在回流台停留5分钟左右，将身上余药滴回药池。然后赶到阴凉处休息1～2小时，并在附近放牧。

8. 当天晚上，应派人值班，对出现有个别中毒症状的羊只及时救治。

六、驱虫

羊的寄生虫病较常见，患病羊往往食欲降低，生长缓慢，消瘦，毛皮质量下降，抵抗力减弱，重者甚至死亡，给养羊业带来严重的经济损失。为了防止体内寄生虫病的蔓延，每年春秋两季要进行驱虫。驱虫后1～3天内，要安置羊群在指定羊舍和牧地放牧，防止寄生虫及其虫卵污染羊舍和干净牧地。3～4天后即可转移到一般羊舍和草场。

常用的驱虫药物有四咪唑、驱虫净、丙硫咪唑。丙硫咪唑是一种广谱、低毒、高效的驱虫药，每千克体重的剂量为15毫克，对线虫、吸虫、绦虫等都有较好的治疗效果（图5-6）。为防止寄生虫病的发生，平时应加强对羊群的饲养管理。

注意草料卫生，饮水清洁，避免在低洼或有死水的牧地放牧。同时结合改善牧地排水，用

图5-6　驱虫

化学及生物学方法消灭中间宿主。多数寄生虫卵随粪便排出，故对粪便要发酵处理。

七、梳绒

绒山羊一般开始脱绒的时间为4月中旬到5月上旬。梳绒前首先要准备好梳绒用的铁梳子，铁梳子分为稀梳子和密梳子两种。稀梳子由7～8根钢丝组成，间距2～2.5厘米，密梳子由12～14根钢丝组成，间距0.5～1厘米，钢丝直径0.3厘米，钢丝顶端呈圆形，以防梳伤皮肤。其次，要准备好固定绒山羊用的绳子、30厘米左右长的木棒、剪子、碘酒、秤、装绒用的器具等物品。

梳绒要选择宽敞、明亮、背风、干净的场地。梳绒时先用稀梳子顺着毛的方向由颈、肩、胸、背、腰部进行，由前往后，由上往下将被毛理顺，便于梳绒，同时把被毛沾的尘土、刺果、草屑等杂质梳掉，以保羊绒纯洁。随后，用密梳逆毛而梳，梳子要紧贴皮肤，用力要均匀，切勿一猛一猛地用劲梳绒，这样做易损伤皮肤。第1次梳绒以后，羊体上还残留了部分绒毛，待1周后，再梳绒1次，同时剪去羊毛（图5-7）。

（a）

（b）

图5-7　梳绒

第三节　绒山羊的饲养管理技术

一、舍饲绒山羊管理的技术要点

（一）舍饲绒山羊的饲喂技术

全舍饲绒山羊一般饲草采取自由采食，饲喂方式是先差后好，少喂勤添，先草后料，先粗后精，定时定量。并设置水槽，自由饮水，饮水要保持清洁，冬温夏凉。饲草要切成1.5～2.0厘米的小段；精料一般制成颗粒料为宜，若是粉状，最好用水拌成湿拌料；每只羊每天喂精料的实际喂量还需根据羊的品种、性别、年龄、体重、用途、生理状况等进行调整（图5-8）。

（a）　　　　　　　　　　　　　（b）

图5-8　饲喂技术

（二）舍饲绒山羊的运动

山羊喜爱运动，有利于增强体质，提高免疫力。因此，舍饲绒山羊应注意提供山羊的活动场所，以保证羊只每天得到充足的运动。每天驱赶2～3次，每次20～30分钟，也能达到舍饲绒山羊的运动目的。

（三）舍饲绒山羊的饲料配合

不同性别、年龄、体重或不同生理状况的山羊应选用不同的饲养方式和饲养标准。选用饲料可根据当地条件就地取材，饲料种类要多样化，适口性要好。同时，也要考虑饲料的价格，以降低饲养成本。

二、公羊的饲养管理技术

公羊数量少，但种用价值高，对后代影响大，故在饲养上要求比较精细。应常年保持健壮的体况，营养良好而不过肥，这样才可在配种期性欲旺盛，精液品质优良，保证提高种公羊的利用率（图5-9）。

图5-9　公羊饲养管理

（一）非配种期公羊的饲养

公羊在非配种期虽说没有配种任务，但它直接关系到公羊全年的膘情、配种期的配种能力以及精液品质。因此，除应供给足够的热能外，还应注意足够的蛋白质、矿物质和维生素的补充。并要保证饲料的多样性，精粗饲料搭配合理，同时注意矿物质、维生素的补充；日粮应保持较高的能量和粗蛋白水平；必须有适度的运动时间，以提高精子活力，并防止其过于肥胖。

（二）配种期公羊的饲养

1. 配种前期

配种前期是指在配种季节到来的前 1.5～2 个月的时间，应逐渐调整公羊的日粮，增加混合精料的比例，同时进行采精训练、精液品质检查、安排配种计划。根据精液的品质和性欲情况调整饲料配方和补饲量，预测配种能力，并做好其他配种前的准备工作，在此阶段要着重加强种公羊的补饲和运动锻炼。

2. 配种期

配种期种公羊的饲养管理要做到认真、细致，要经常观察羊的采食、饮水、运动及粪、尿排泄情况。种公羊在配种期间要消耗大量的养分和体力，对配种任务繁重的优秀种公羊，每天补饲 2.0～2.5 千克的混合精料，并在日粮中加入生鸡蛋 2～3 枚，将鸡蛋捣碎拌入料中。配种公羊每天要加强运动，通过运动增强种公羊的体质和提高种公羊的性欲。每天运动时间 4～6 小时。在配种期间要合理安排采精的次数和连续利用的时间。在种公羊体况较好的情况下，每天上午和下午共采精 2～3 次，每周休息 1 天。

3. 配种后恢复期

在经历了一段时间的配种后，往往出现种公羊体重减轻的现象，所以在配完种后的一段时间内仍要加强对种公羊的饲养管理。这一阶段的主要任务是恢复体况。在配种刚结束的 1 个月内，种公羊的日粮应与配种期的一样，以后每只种公羊每天补饲的精饲料要逐渐减少，饲料中的蛋白质含量可以适当降低。经 1 个月左右的恢复期，使种公羊的膘情恢复到配种前的体况，然后按非配种期的饲养管理进行。在冬季，种公羊的饲养要保持较高的营养水平，既有利于体况恢复，又能保证其安全越冬。

三、母羊的饲养管理技术

依照生理特点和生产目的不同可分为空怀期，配种前的催情期，妊娠前期和妊娠后期，哺乳前期和哺乳后期6个阶段，其饲养的重点是妊娠后期和哺乳前期这4个月。

（一）空怀期的饲养管理技术

指母羊从哺乳期结束到下一个配种期的一段时间。

空怀期母羊不妊娠、不泌乳，无负担，因此被人们忽视。其实此时期母羊的营养状况直接影响着发情、排卵、受孕情况及体质、体况，因而这个阶段也非常重要。这个阶段的重点是要求迅速恢复种母羊的体况，为下一个配种期做准备。以饲喂青贮饲料为主，可适当补喂精饲料，对体况较差的可多补一些精饲料，夏季不补，冬季补，在此阶段除搞好饲养管理外，还要对羊群的结构进行调整，淘汰老龄母羊和生长发育差，哺乳性能不好的母羊。

（二）配种前的催情补饲

为了保证母羊在配种季节发情整齐，缩短配种期，增加排卵数和提高受胎率，在配种前2~3周，除保证青饲草的供应，还要适当喂盐，满足自由饮水，还要对繁殖母羊进行短期补饲，每只每天喂混合精料0.2~0.4千克。这样有助于发情。

（三）妊娠前期的饲养管理

妊娠前期指开始妊娠的前3个月，这阶段胎儿发育较慢，所增重量仅占羔羊初生重的10%，所需要营养无显著增多，但要求母羊能继续保持良好膘情。妊娠前期母羊对于粗饲料的消化能力较强，进入枯草季节时，应补饲一定量的优质干草、青贮饲料以及优质蛋白质饲料，这个阶段管理上要避免吃霜草和霉烂饲料，不饮冰水，不使受惊猛跑，以免发生流产（图5-10）。

图5-10 妊娠前期饲养管理

（四）妊娠后期的饲养管理

妊娠后期的 2 个月中，胎儿发育速度很快，90% 的初生重在这阶段完成。为保证胎儿的正常发育，并为产后哺乳贮备营养，应加强母羊的饲养管理。对在冬春季产羔的母羊，由于缺乏优质的青草，饲草中的营养相对要差，所以应补饲优质的青干草，还有精料和骨粉。由于妊娠后期胎儿及与妊娠有关的组织器官不断增大，就不宜大量喂给体积大的粗饲料，而应喂给体积较小、营养价值更高的饲料。在管理上严防挤压、跳跃和惊吓，以免造成流产，不喂发霉变质和冰冻饲料（图 5-11）。对于可能产双羔的

图5-11　妊娠后期饲养管理

母羊及初次参加配种的小母羊，要格外加强饲养。

（五）哺乳前期饲养管理技术

哺乳前期是指母羊产羔后的 2 月龄内，这段时间的泌乳量增加很快，所以在泌乳前期必须加强哺乳母羊的饲养和营养。为保证母羊有较高的泌乳量，在夏季要充分满足母羊青草的供应，在冬季要饲喂品质较好的青干草和各种树叶等。同时要加强对哺乳母羊的补饲，根据母羊哺乳羔羊的数量、母羊的体况来考虑哺乳母羊的补饲量。产后的母羊在 1~3 天内不能喂过多的精料，以免引起乳房炎，1 周后逐渐过渡到正常标准，恢复体况和奶羔两不误，同时保证饮水（图 5-12）。母羊舍要经常打扫、消毒，胎衣和毛团等污物要及时清除，以防羔羊吞食发病。

图5-12　哺乳前期饲养管理

（六）哺乳后期的饲养管理技术

哺乳后期母羊的泌乳性能逐渐下降，产奶量减少，同时羔羊的采食能力和消化能力也逐渐提高，羔羊生长发育所需要的营养可以从母羊的乳汁和羔羊本身所采食的饲料中获得。所以哺乳后期母羊的饲养已不是重点，精饲料的供给量应逐渐减少（图5-13）。同时增加青草和普通青干草的供给量，逐步过渡到空怀期的饲养管理。

图5-13　哺乳后期饲养管理

四、羔羊饲养管理技术

（一）羔羊哺乳前期的饲养管理

1. 让出生后的羔羊尽快吃上初乳

母羊产后5天以内的乳叫初乳，它是羔羊生后唯一的全价天然食品。初乳中含有丰富的蛋白质（17%～23%）、脂肪（9%～16%）等营养物质和抗体，具有营养、抗病和轻泻作用。羔羊初生后及时吃到初乳，对增强体质，抵抗疾病和排出胎粪具有很重要的作用。因此，应让初生羔羊尽量早吃、多吃初乳，吃得越早、吃得越多，增重越快；体质越强，发病少，成活率高。

2. 注意奶好羔羊

为提高母羊的哺乳效果，应将母羊和羔羊圈在同一个圈内，增强母仔的感情。约1周后，即可将羔羊和其他的产羔母羊放在一起。对缺奶的羔羊应用牛奶或人工奶补饲，奶一定要消毒，温度掌握在35~37℃，不要过冷或过热。喂量要根据羔羊的生长发育情况和大小来掌握，要定时、定量和定温。奶瓶上的奶嘴孔应剪成"+"字孔，不要太大，喂时不要过急，防止奶吸入羔羊肺部造成异物性肺炎。在生产中往往由于喂奶不当造成羔羊拉稀，过量容易造成消化不良，过冷会引起羔羊腹泻。在牛奶中加入多种维生素或多维葡萄糖时补喂效果较好。

3. 羔羊要早开食、早开料

羔羊在出生后10天左右就有采食饲料和饲草的行为。为促进羔羊瘤胃发育和锻炼羔羊的采食能力，在羔羊出生15天后应开始训练羔羊采食。将羔羊单独分出来组成一群，在饲槽内加入粉碎后的高营养、易吸收的饲草料。饲料以玉米、豆饼为主，并添加食盐、骨粉等。同时也要补喂切碎的优质青干草，以苜蓿干草为主。在饲喂过程中，要少喂勤添，定时定量，先精后粗（图5-14）。补草补料结束后，将槽内剩余的草料喂给母羊，把食槽打扫干净，并将食槽翻扣，防止羔羊卧在槽内或将粪尿排在槽内。

图5-14　饲喂

（二）羔羊哺乳后期的饲养管理

当羔羊出生2个月后，由于母羊泌乳量逐渐下降，即使加强补饲，也不会明显增加产奶量。同时，由于羔羊前期已补饲草料，瘤胃发育及机能逐渐完善，能大量采食草料，饲养重点可转入羔羊饲养，每日补喂混合精料，自由采食青干草。要求饲料中粗蛋白质含量为13%～15%。不可给公羔饲喂大量麸皮，否则会引发尿道结石。

总之，在哺乳时期要保持羊舍干燥清洁，经常垫铺褥草或干土，运动场和补饲场也要每天清扫防止疫病的发生。舍内温度应保持在5℃左右为宜。

（三）断奶技术

羔羊生长到3.5～4月龄时根据羔羊体况，采取一次性断奶，在断奶前的1周内，对母羊要减少精饲料和多汁饲料的饲喂，防止乳房炎的发生。断奶后的羔羊要喂给营养丰富的容易消化的草料，饲料要多样化，每天保证足够的清洁饮水。羊舍要求保暖、干净、通风。

五、育成羊的饲养管理技术

从断乳到配种前的羊叫青年羊或育成羊。这一阶段是羊骨骼和器官充分发育的时期，如果营养跟不上，便会影响生长发育、体质、采食量和将来的繁殖能力（图5-15）。加强培育，可以增大体格，促进器官的发育，对将来提高肉用能力，增强繁殖性能具有重要作用。在生产中一般将育成羊分为两个时期，即育成前期（4~8月龄）和育成后期（9~18月龄）。

图5-15　育成羊饲养管理

（一）育成前期

这段时期，生长发育快，瘤胃容积有限且机能不完善，对粗饲料的利用能力较弱。这一阶段饲养的好坏，是影响羊的体格大小、体型和成年后生产性能的重要阶段。育成前期羊的日粮以精料为主，结合放牧或补喂优质干草和青绿多汁饲料，日粮的粗纤维含量以15%~20%为宜。

（二）育成后期

这段时期，羊的瘤胃消化机能基本完善，可以采食大量牧草和其他粗饲料。此阶段，育成羊可以放牧为主，结合补饲少量的混合料或优质青干草。

定期称重是育成羊发育完善程度的标志，在饲养上必须注意称重这一指标。青年羊应按月固定抽测体重，借以检查全群的发育情况。称重需在早晨未饲喂或出牧前进行。

第四节　绒山羊的繁殖技术

一、发情生理和发情鉴定

（一）绒山羊公羊性行为、性成熟

公羊的性行为主要表现为性兴奋、求偶、交配。公羊表现性行为时，常有举头，口唇上翘，发出一连串鸣叫声，爬跨其他山羊等。性兴奋发展到高潮时进行交配，公羊的交配时间很短，数十秒钟就完成了。

公羊的睾丸内出现成熟的具有受精能力的精子，即是公羊的性成熟期。一般公羊的性成熟期为5～7月龄。性成熟的早晚受品种、营养条件、个体发育、气候等因素的影响。

（二）母羊的发情、性成熟及初配年龄

随着母羔的生长、发育，当其达到一定年龄和体重时，即出现第一次发情和排卵，此次发情被称为初情期。经过初情期的母羊，生殖系统迅速生长发育，并开始具备繁殖能力，在不长的时期内即进入羊的性成熟期。虽然性成熟时期羊的生殖器官已发育完全，具备了正常的繁殖能力，但身体其他系统的生长发育还未完成，故性成熟初期的母羊一般不宜配种。过早配种怀孕将影响母羊自身的生长发育，也将影响胎儿的正常发育，长此下去，必将引起羊群品质下降。羊的性成熟期一般为5～10月龄，性成熟的早晚受体重、品种遗传、气候、营养因素的影响。

山羊正常发情周期的范围为18～23天，平均为21天。在羊的每一个发情周期中，发情持续的时间多为24～48小时。

（三）母羊发情鉴定方法

山羊达到性成熟后有一种周期性的性活动，表现兴奋不安、有性欲、食欲减退、外阴红肿、子宫颈开放、并有黏液排出。卵泡发育、分泌各种生殖激素等一系列生殖器官变化。母羊的这些性活动现象称之为发情（图5-16）。

图5-16　母羊发情

二、 配种时间和配种方法

（一）配种时间的确定

配种时间的确定，主要是根据各地区的实际情况而定的。绒山羊一般8～11月份发情最为旺盛。年产一胎的母羊，有冬季产羔和春季产羔两种。冬季产羔时间在1～2月份，需要在8～9月份配种；春季产羔时间在4～5月份间，需要在11～12月份配种。

（二）配种方法

绒山羊的配种方法分为自由交配、人工辅助交配。

1. 自由交配

自由交配是把公、母羊按1：（25～30）的比例同群饲养，当母羊发情时便与同群的公羊自由进行交配的方法。该法优点是可以节省大量的人力物力，也可以减少发情母羊的失配率。不足之处：①公、母羊混群饲养，配种发情季节，性欲旺盛的公羊经常追逐母羊，影响采食和抓膘；②公羊需求量相对较大，1头公羊负担15～30头母羊，不能充分发挥优秀种公羊的作用。公羊体力消耗很大，会缩短公羊的利用年限；③由于公母混杂，后代血缘关系不清，并易造成近亲交配和早配，从而影响羊群质量，甚至引起退化；④不能记录确切的配种日期，也无法推算分娩时间，给产羔管理造成困难。羔羊出生后没有系谱。

2. 人工辅助交配

人工辅助交配是平时将公、母羊分开饲养，在配种期内用试情公羊试情，有计划地安排公、母羊配种，这种方法克服了自由交配的一些缺点。

三、人工授精

（一）试情

母羊发情征候不明显，发情持续期短，因而不易被发现。在进行人工授精和辅助交配时，需用试情公羊放入母羊群中来寻找和发现发情母羊，这就是试情。

试情羊应选体格健壮、性欲旺盛、年龄2～5岁的公羊。为防止试情公羊偷配，最常用的办法是系试情布，即用20厘米×30厘米的白布1块，四角系带，捆拴在试情公羊腹下，使其只能爬跨不能交配。

试情方法：试情应在早晨，将试情羊赶入母羊群中。如果母羊喜欢接近公羊，站立不动，接受爬跨，表示已经发情，应拉出配种。有的处女羊对公羊有畏惧现象，公羊久追不放，这样也应作为发情羊拉出。为了试情彻底和正确，力求做到不错、不漏、不耽误时间，公母羊比例可按1∶（30～40）配群。同时试情时要求"一准二勤"。"一准"是眼睛看得准，"二勤"是腿勤和手勤。要将卧在地上或者拥挤在一起的母羊哄起，使试情公羊能和母羊接触，增加嗅的机会。在试情期间，应将有生殖器官炎症的母羊挑选出来，避免公羊产生错觉，影响试情工作。

（二）器械消毒与采精用具准备

　　凡采精、输精及与精液接触的一切器械都应消毒。开膣器、输精器、镊子、生理盐水、凡士林、集精杯、玻璃棒和纱布等耐高温的用具蒸煮30分钟消毒；由外壳、内胎装好的假阴道和消毒瓷盘用75%酒精消毒，待15～20分钟酒精挥发后才可使用。使用前在假阴道上装上集精瓶，用生理盐水冲洗2～3次后倒立，使假阴道内的水分沥干净。然后从假阴道的充气口倒入150毫升左右50℃的水，拧上充气活塞，用玻璃棒粘上凡士林涂抹在假阴道内约1/2，用嘴通过气嘴向夹层中吹气，使其具有一定压力和弹性。内胎壁口端呈"△"形裂缝即可。假阴道要求的条件是适宜的温度、压力和润滑度。假阴道内的温度保持在39～42℃。采精结束后首先用碱水冲洗假阴道内部的油脂，然后用清水冲洗干净，再用酒精消毒后放在消毒盘内，并用砂布盖好。开膣器、镊子等也要冲洗，并用酒精消毒后，放入消毒盘（图5-17）。

（a）　　　　　　　　　　　　　（b）

图5-17　消毒

（三）采精

采精时采精人员蹲在母羊右后方，右手横握假阴道，食指顶住集精杯，活塞向下，使假阴道前低后高，并与地面呈35°～40°角紧靠母羊臀部。当公羊爬跨伸出阴茎时，左手轻托公羊包皮，将阴茎导入假阴道内，公羊猛力前冲并弓腰后，则完成射精。当公羊从母羊身上滑下时，顺势将假阴道向下向后移动取下，并立即倒转竖立，使集精瓶一端在下。打开活塞放气，取下集精瓶送检备用。采精时，避免手指或外壳碰着阴茎，也不能把假阴道硬往阴茎上套。同时，假阴道内的温度、压力和润滑度都要掌握好。采精人员一定要手快，动作要轻，否则采精困难。

在一般情况下，公羊每天上午、下午可采精2～4次。也可连续2次采精，连续采精间隔时间5～10分钟。公羊使用1周后要休息1天，以免影响受胎率。公羊运动不足、使用过度、营养不良或过于肥胖都影响精液品质。

（四）精液检查

1. 精液检查的目的

精液检查的目的是确定精液是否可用于输精配种。一般的检查项目是：密度、活力、射精量及颜色、气味等。正常精液的颜色为乳白色，无特殊气味，肉眼能看到云雾状。射精量为0.8～1.8毫升，一般为1毫升。每毫升有精子10亿~40亿个（图5-18）。

图5-18 精液检查

2. 用显微镜检查精子的密度和活力

密度检查：用玻璃棒取少许精液放在载玻片上，盖上盖玻片，放在显微镜下观察。在视野内精子之间间隙很小或无间隙，就评为稠密；如精子之间距离很大，看起来稀稀落落就评为稀薄（稀）；若精子多少介于以上两种情况之间就评为中等。

活力检查：取1滴待检查精液稀释后，置于载玻片上，上覆盖玻片，在显微镜下观察。全部精子都呈现直线前进运动的评为5分，约80%为直线前进活动的评为4分。只有活力在4分以上、密度中等以上的才可用于输精。

3. 精液检查时注意事项

（1）检查室温度是否适宜。精子活力和温度关系很大，所以检查时室温须保持在18～25℃。

（2）要制两个玻片，以原精液作密度评定，以稀释精液作活力评定。

（3）精液检查时应避免阳光直射、振荡或污染，操作速度快。

（4）正确地登记种公羊号、采精时间、射精量、精液品质、稀释比例和输精母羊数。

（五）精液稀释

精液稀释的目的是增加精液量，扩大输精母羊数，延长精子存活时间。一般常用的稀释液为生理盐水，根据配种母羊数和精液的密度可进行1∶（1～2）的稀释。通常是在显微镜检查评为"密"的精液才能稀释，稀释后的精液每次输精量（0.1毫升）应保证有效精子数在7 500万个以上。除此之外，还有牛、羊奶稀释液。稀释时，稀释液必须是新鲜的，其温度与精液温度保持一致，在20～25℃室温和无菌条件下进行操作。稀释液应沿着集精瓶壁缓缓注入，用细玻棒轻轻搅匀。切勿一次稀释倍数过大和受到剧烈冲击、温度骤变和其他有害因素的影响。

（六）输精

1. 输精前，将母羊外阴部用来苏尔溶液消毒，水洗，擦干，再将开膣器插入，寻找子宫颈口。子宫颈口的位置不一定正对阴道，但其附近黏膜的颜色较深，容易寻找。成年母羊阴道松弛，开膣器张开后贴膜挤入，注意不要损伤黏膜。处女羊阴道狭窄，开膣器无法伸开，只能进行阴道输精，但输精量至少增加1倍（图5-19）。

图5-19 输精

2. 要掌握好输精时机，最佳输精时机是在母羊发情中期或后半期，若输精两次，对早上发现的发情羊立即输精一次，傍晚再输精一次。

3. 输精的关键是严格遵守操作规程，操作要细致，子宫颈口要对准，精液数量要够。输精后的母羊要登记，用颜料涂上标记，按输精先后组群，加强饲养管理，为增膘保胎创造条件。

（七）提高受胎率的关键技术

要想提高人工授精的受胎率，应注意以下关键技术：

1. 公羊的选择及精液品质的鉴定

为了提高配种率，对有生殖缺陷(单睾、隐睾或睾丸形状不正常)的公羊一经发现应立即淘汰。通过精液品质检查，根据精子活力、正常精子的百分率、精子密度等判定公羊能否参加配种。

2. 母羊的发情鉴定及适时输精

母羊人工授精的最佳时间是发情后 18～24 小时。这时子宫颈口开张，容易做到子宫颈内输精。而发情的早晚可根据阴道流出的黏液来判定：黏液呈透明黏稠状即是发情开始；颜色为白色即到发情中期；如已浑浊，呈不透明的粘胶状，即是到了发情晚期，是输精的最佳时期。但一般母羊发情的开始时间很难判定。根据母羊发情晚期排卵的规律，可以采取早晚两次试情的方法选择发情母羊。早晨选出的母羊到下午输一次精，第二天早上再重复输一次精；晚上选出的母羊到第二天早上第一次输精，下午重复输一次精，这样可以大大提高受胎率。

3. 严格执行人工授精操作规程

人工授精从采精、精液处理到适时输精，都需认真掌握，各个环节出现问题均会影响受胎率。如果由于清洗消毒工作不严格，不但影响配种率，还可能引起生殖器官疾病。所以配种员应严格遵守人工授精操作规程，提高操作质量，才能有效地提高受胎率。

四、新技术在羊繁殖中的应用

随着科学技术的不断发展进步，利用羊的繁殖生理原理，在羊的繁殖过程中采用同期发情、超数排卵与胚胎移植及早期妊娠诊断等先进新技术，可以加快羊的繁殖和育种工作，大大提高了养羊业的生产水平和生产能力。

（一）同期发情

就是利用某些激素制剂人为地控制和调整母羊自然的发情周期，使母羊在预定的时间内集中发情。同期发情有利于推广人工授精。特别是在居住分散的山区，如果能在短时间内使羊群集中统一发情和排卵，以便创造适宜于人工授精和胚胎移植的有利条件，达到合理配种、受精或适时移植胚胎的目的。

同期发情有两种方法：一种方法是促进黄体退化，从而降低孕激素水平；另一种方法是抑制发情，增加孕激素水平。两种方法所用的激素性质、作用各不相同，但都是改变母羊体内孕激素水平，达到发情同期化的目的。

1. 促进黄体退化法

先用前列腺素使黄体溶解，停止分泌孕酮，然后再用促性腺激素，引起母羊发情。用于同期发情的前列腺素，进口的有高效的氯前列烯醇和氟前列烯醇等。前列腺素的施用方法：一般采用皮下注射，一次注射量为80～120微克，也可以采用直接投入子宫颈口，效果也很好，还有的再用PMSG（孕马血清）处理，效果更佳。应该注意的是，由于前列腺素有溶解黄体的作用，已怀孕母羊会因孕激素减少而发生流产，因此要在确认母羊属于空怀时，才能使用前列腺素处理。

2. 孕激素处理法

用外源孕激素继续维持黄体分泌孕酮的作用，造成人为的黄体期而达到发情同期化。每日肌注孕酮10～20毫克或采用阴道栓塞法给予孕酮（或其他类似物）50～60毫克处理12～18天，停药后为了提高发情率，而肌注能使卵泡发育的孕马血清（PMSG）。

3. 应用三合激素处理时，当羊群出现5%左右的自然发情母羊时开始用药。每只羊颈部皮下注射三合激素1毫升，羊只于处理后24小时开始发情，持续到第五天，第二、第三天发情最集中。

（二）超数排卵与胚胎移植

1. 超数排卵

应用外源性激素诱发卵巢多个卵泡发育，并排出具有受精能力的卵子的方法。超数排卵常用的药物有促卵泡素（FSH）和孕马血清促性腺激素（PMSG）。为了提高效果，往往多种激素配合使用。超数排卵是羊胚胎移植的重要环节之一。

超数排卵最好是在每年的秋季进行，选择发情正常的母羊进行处理。超数排卵有两种方法：一种是孕马血清促性腺激素（PMSG）一次注射法；另一种是促卵泡素（FSH）多次注射法。对发情周期正常的母羊，先保定，再对羊的外阴部进行清洗和消毒，然后用放栓枪将阴道栓放置到羊的阴道处，山羊在放栓后的第15～18天，连续4天注射促卵泡素（FSH），每日早、晚各注射1次，山羊在注射促卵泡素的第7针时，将阴道栓取出，当羊表现发情时，注射促黄体素（LH）及其类似的药物，开始配种。药物的用量因羊的品种、个体大小不同而异。在促卵泡素多次注射法里，根据药物的使用方法又分为两种：一是药物等量注射法，即每次注射促卵泡素的剂量相同；二是递减注射法，即每次注射促卵泡素的剂量不同，第一天2次注射的剂量最大，第二天剂量减少，最后一天剂量最小。

2. 胚胎移植

是指将良种母羊配种后的早期的胚胎取出，或由体外受精及其他方式获得胚胎，移植到同种、生理状况相同或相似的母畜的输卵管或子宫内，让其"借腹怀胎"继续生长发育的过程就是胚胎移植，简称"胚移"。提供胚胎的畜体称为"供体"，接受胚胎的畜体称为"受体"。胚胎移植可以迅速繁殖优良品种的后代，扩大纯种数量；可代替活畜的远距离引进，节约大量种羊引进的经费和时间；还可提高单胎母羊的双胎率；有利于防病、防疫，克服不育症。

胚胎移植的技术环节（图5-20）：

（1）供体、受体母羊的选择 供体母羊应选择具有较高的种用价值或生产性能较高，遗传性稳定、系谱清楚，体质健壮，无任何遗传性和传染性疾病，繁殖性能正常，无生殖疾病的母羊。主要技术环节就是收集胚胎和移植胚胎。 受体母羊应选择健康、营养良好，繁殖性能正常，无生殖疾病的经产母羊。

（2）供体羊和受体羊用孕激素和前列腺素进行同期发情处理，前列腺素使黄体溶解，停止分泌孕酮，然后再用促性腺激素，引起母羊发情；用外源孕激素维持黄体分泌孕酮的作用，造成人为的黄体期而达到发情同期化。

（3）供体羊的超数排卵 超数排卵最好是在每年的秋季进行，选择发情正常的供体羊，用孕马血清促性腺激素（PMSG）一次注射或用促卵泡素（FSH）多次注射，以达到超数排卵的目的。

（4）供体母羊的配种 选择品质优秀，遗传性能稳定，精液品质好的公羊与供体母羊进行配种，母羊发情就配种，8~12小时配1次，直到母羊不发情为止。配种时要输精量大，输精次数要多。

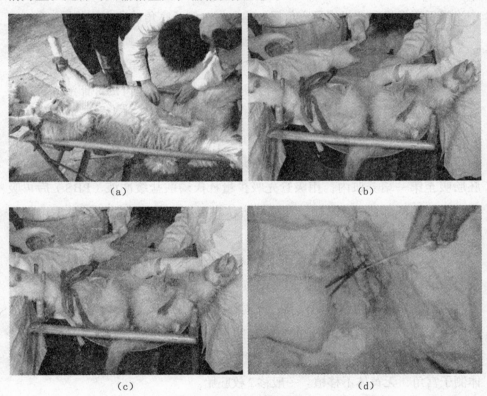

图5-20 胚胎移植

（5）胚胎的收集 胚胎的收集，也称采胚。一般是3天左右时胚胎从输卵管冲出；7天左右时从子宫冲取。

①输卵管法：用7号针头带胶皮管作为冲卵管，将其一端由输卵管伞部的喇叭口插入2~3厘米深处，用钝圆的夹子固定，另一端接集卵皿。用20毫升或30毫升注射器，吸37℃冲卵液5~10毫升，在子宫角靠近输卵的部位，将针头朝输卵管方向扎入，一只手在针头后方捏紧子宫角，另一只

手推进注射器，冲卵液由子宫与输卵管结合部流入输卵管，经输卵管流入集卵皿。

②子宫法：将子宫于体外，用肠钳夹住子宫角分叉处，用注射器吸入预热的冲卵液20～30毫升，冲卵针从子宫角尖端插入，确认管腔内畅通时，再将冲卵针橡胶管的另一端与注射器接连，将冲卵液推入子宫内，子宫膨胀时将回收管从肠钳夹钳夹基部的上方迅速扎入，冲卵液经回收管收集于集卵杯中，最后用拇指和食指将子宫角捋一遍。另一侧子宫角冲卵方法相同。

采卵后用生理盐水冲去凝血块，涂少量灭菌液体石蜡，将器官复位，缝合消毒，肌注青霉素80万国际单位，链霉素100万国际单位。

检卵先将集卵杯倾斜，轻轻倒去上面清液，留10毫升的冲卵液，再用杜氏磷酸盐缓冲液（PBS）冲洗集卵杯，倒入表面皿镜检。随后准备3～4个培养皿，依次编号，倒入10%或20%羊血清OBS保存液，将培养皿放入培养箱中待用。用10倍体视显微镜找到受精卵，先用玻璃棒除去卵周围的黏液，将胚胎吸至第一培养皿内，用吸管先吸少量杜氏磷酸盐缓冲液（PBS）后再吸卵，并在不同部位冲洗3遍，用同样方法在第二培养皿内处理，然后全部移至另一培养皿内。

（6）胚胎的鉴定　未受精卵呈圆形，外周有一圈折光性强的透明带，中央为质地均匀色暗的细胞质。透明带与卵黄膜之间的空隙很小。

发育正常的受精卵透明发亮，卵周隙明显，分裂球大小均匀。

（7）胚胎的移植　移植的方法与冲胚相同，移植的原则是从哪个部位冲出的，就移植到哪个部位。移植注意的方面：观察受体羊卵巢，胚胎移至黄体侧子宫角，无黄体不移植。一般移2枚胚胎。

（三）羊的妊娠检查

1. 早期妊娠诊断

配种后的母羊应尽早进行妊娠诊断，能及时发现空怀母羊，以便采取补配措施。对已受孕的母羊加强饲养管理，避免流产。早期妊娠诊断有以下几种方法。

（1）表观症状观察　母羊受孕后，发情周期停止，不再表现有发情征状，性情变得较为温顺；同时，孕羊的采食量增加，毛色变得光亮润泽。

（2）触诊法　待检查母羊自然站立，然后用两只手以抬抱方式在腹壁前后滑动，抬抱的部位是乳房的前上方，用手触摸是否有胚胎胞块。

（3）阴道检查法　妊娠母羊阴道黏膜的色泽、黏液的性状及子宫颈口形状均有一些变化。

阴道黏膜　母羊怀孕后，阴道黏膜由空怀时的淡粉红色变为苍白色，但用开膣器打开阴道后，很短时间内即由白色又变成粉红色。

阴道黏液　孕羊的阴道黏液呈透明状、量少、浓稠。相反，如果黏液量多、稀薄、颜色灰白的母羊为未孕。

子宫颈　母羊怀孕后子宫颈紧闭，色泽苍白，并有浆糊状的黏块堵塞在子宫颈口，人们称之为"子宫栓"。

2. 免疫学诊断

怀孕母羊血液、组织中具有特异性抗原，用以制备的抗体血清与母羊细胞进行血球凝集反应，如母羊已怀孕，则红细胞会出现凝集现象。如果没有怀孕，加入抗体血清后红细胞不会发生凝集。此法可判定被检母羊是否怀孕。

3. 超声波探测法诊断

超声波探测仪是一种先进的诊断仪器，检查方法是将待查母羊保定后，在腹下乳房前毛稀少的地方涂上凡士林或石蜡油，将超声波探测仪的探头对着骨盆入口方向探查。用超声波诊断羊早期妊娠的时间最好是配种40天以后，这时诊断准确率较高（图5-21）。

图5-21　超声波探测仪

五、山羊的产羔和育羔技术

有配种记录的母羊，可以按配种日期以"月加五，日减三"的方法来推算预产期。例如，4月8日配种怀孕的母羊其预产期应为9月5日，10月7日配种怀孕的母羊则为次年的3月4日。

（一）产羔前的准备工作

1. 产房

为了保证妊娠母羊的安全产羔和羔羊的成活率，必须有产羔房。一般在羊舍中留一块场地，放置产羔栏，每栏的面积为1.5～2平方米。由于羔羊初生时对低温环境特别敏感，在低温环境中，羔羊在出生的最初1小时内直肠温度要降低2～3℃，所以产房的温度在冬季应保持5℃左右。并要求产房通风良好，地面干燥，没有贼风，在地面铺上垫草。

2. 用具及药品的准备

准备好常用的药物和接产用品，如煤酚皂溶液、酒精、碘酊、高锰酸钾、消毒纱布、脱脂棉、强心剂、镇静剂、催产素、注射器、针头、温度计、剪刀等。

3. 人员安排

接羔护羔是一项重要而细致的工作，要安排接产人员和羔羊护理人员，做好随时接羔的准备工作。

（二）接羔技术

1. 临产母羊的识别

母羊临近分娩时，乳房胀大，用手挤时有少量黄色初乳，分娩前2～3天更为明显，阴门肿胀潮红，有时流出浓稠黏液。欣部下陷，以临产前2～3小时更为明显。行动困难，排尿次数增多，性情温驯，起卧不安，时而回顾腹部，经常独处墙角卧地，四肢伸直努责。食欲减退，不时鸣叫。如有上述情况，应立即将母羊送进产房准备接产。

2. 接产

正常分娩的母羊，在羊膜破后10分钟左右，羔羊即已产出。正常胎位的羔羊出生时，一般两前肢和头部先出，少数后肢先出。人工接产的目的是防止母羊难产或因产程过长造成胎儿窒息死亡。产双羔时，先后间隔时间在5～30分钟或1小时以上。当母羊产出第一只羔羊以后，须注意检查是否还有未产的羔羊。如母羊仍表现不安宁、卧地不起或起立后又重新躺下努责的情况，可用手掌在母羊腹部前方适当用力向上推举，如是双羔，则能触到一个硬而光滑的羔体。羔羊产出后，应迅速用干净纱布将羔羊口、鼻中的黏液擦干净，

以免呼吸困难窒息死亡，或者
黏液被吸入气管引起异物性
肺炎（图5-22）。胎儿产出
后，因受外界冷空气的刺激，
肺部开始活动。有时遇有假死
现象，可将羔羊浸在40℃左
右的温水中，同时进行人工呼
吸，按压胸部两侧，或向鼻孔
吹气，使其复苏。胎儿的舌头
如明显发凉，则很少有回复的
希望。

图5-22　分娩

分娩完毕，如母羊乳房周围和股内侧毛太长影响羔羊哺乳时，应及时剪去长毛。随后用温和的消毒水洗涤乳房，擦干后，挤去最先几滴初乳，辅助羔羊吃奶。在羔羊毛干后称重，进行羔羊登记编号。胎衣通常在产后半小时到2~3小时排出。

3. 难产处理

（1）头出前肢不出　可能是前肢膝部前置，或者肘部屈曲，也可能出一前肢弯一前肢。这时如胎儿活着，产道也较大，可将母羊的后躯垫高，将胎儿送回子宫内部，然后分别将前肢拉引到前面。操作时注意不让蹄尖碰到子宫，造成创伤。如胎儿已死，头部过大或者产道狭窄，要请兽医将胎儿头部切断，肢解取出。

（2）前肢出，头不出　头向后仰、向下弯或头颈侧弯。首先寻找头部，如前肢已占据产道，则在头蹄部先系上纱布，然后再送回子宫。伸手探膜头部，用手固定耳朵、颌部、眼窝等，将头部位置矫正到正常状态（图5-23）。

（3）臀部先出　首先将胎儿尽量推回子宫，利用手指操作，将胎儿回复到正常胎势。

（4）四肢先出　用纱布缚住两前肢或两后肢，将胎儿慢慢送回子宫，摆正胎位，然后随母羊努责，轻轻拉出胎儿。

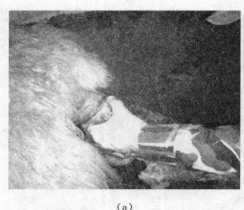

（a）　　　　　　　　　　　（b）

图5-23　难产处理

（三）初生羔羊的护理

1.尽早吃好吃饱初乳

当母羊舔干黏液，羔羊能站立时，就应人工辅助使羔羊吃到初乳。初乳具有较高的酸度，能有效刺激胃肠黏膜产生消化液和抑制肠道细菌活动；初乳中含有γ球蛋白和较多溶菌酶，还含有一种K抗原凝集素，能抵抗特殊品系的大肠杆菌；初乳比常乳的矿物质和脂肪含量高1倍，维生素含量高10～20倍；初乳中所含钙盐和镁盐较多，镁盐有轻泻作用，能促使胎粪排出。

2.羔羊出生后，先将口、鼻、耳内黏液掏出擦净，在离腹部5厘米处断脐，用碘酒消毒，羔羊身上的黏液被母羊舔干，母羊排出的胎衣要及时取走。

3.羔羊的哺乳

羔羊缺奶是常有的现象。为了减少病弱死亡，提高存活率，对孤羔、弱羔和双羔要分别积极地采取代哺或人工哺乳（图5-24）。

4.代哺就是对缺奶母羊所生的羔羊可以找保姆母羊代哺与换哺。双羔母羊的奶量不足，应让其哺育较弱

图5-24　羔羊哺乳

的羔羊，把另一只强健的羔羊找产单羔的母羊代哺或者对调换哺。采用代哺或换哺的羔羊最好与所生羔羊体格大致相仿，或将母羊的胎液或羊奶涂在代哺羔羊的身上，才能收到较好的效果。

5. 人工哺乳一般是用新鲜牛奶贴补缺奶羔羊。哺乳羔羊必须设法吃到初乳。牛奶必须加温消毒才可喂饮，要求定温、定量、定时、定质（图5-25）。

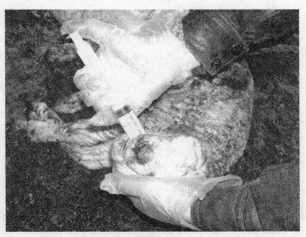

图5-25　人工哺乳

第五节　绒山羊的选育

绒山羊的选育是以提高产绒性能为主要目标，包括提高产绒量和绒纤维品质。它包括两方面的含义，一是通过育种方法使基因重组，培育新的高产绒山羊品种；二是通过本品种选育，使其生产性能有所提高。

一、选种

绒山羊要以产绒量、绒纤维品质为选种工作的重点。选种是育种工作的基础和重要手段，通过选种可以把需要的优秀个体选出来，淘汰掉不好的个体，这样才能加速绒山羊选育工作的进展和群体水平的提高。选种主要根据个体鉴定、生产性能、后代品质和血统四方面进行。

（一）外貌特点

绒山羊的头较小，而且灵活轻巧。公、母羊均有角，公羊角粗大，多向上、两侧展开。母羊角较细，多向后上方直立。眼大而有神，鼻梁平直，嘴大，嘴唇灵活，颌下有髯。四肢结实，尾椎不发达，为短瘦尾，尾尖上翘。全身被毛多而分布均匀，被毛分内外两层，外层是长的粗毛、两型毛，内层是纤细的绒毛。

（二）个体品质

应把绒山羊的产绒量、体重等主要经济性状看成是基因型的具体表现。研究证明，个体选种是有效的，应作为选种的主要依据。要进行个体鉴定、个体生产性能测定，应进行综合比较，从中选出最理想的种羊（图5-26）。

（a）　　　　　　　　　　　　　　　　　　（b）

图5-26　挑选理想种羊

1. 种羊鉴定

根据各个品种标准审查每只羊的各个性状。绒山羊需要审查的主要性状是绒毛和体重，所以鉴定时间要在梳绒前进行。再结合梳绒后实际测量的数据才能更准确地选出优良种羊。

鉴定的主要项目和方法

（1）体型外貌　从被鉴定羊的前、后和体测观察体躯结构是否协调，体态是否丰满，肢势是否坚实，被毛是否整齐，外貌及生殖器官有无缺陷。

（2）绒毛品质　用肉眼观察和手指触摸等感观判断绒毛的密度、长度、细度等。在山羊体侧的肩胛后缘，将被毛细致分开，观察羊绒密度，密度以密、中、稀表示。用钢板尺顺绒束测自然状态下绒的长度，以 0.1 厘米为单位记录。同时判断绒毛细度，用微米为单位计算。同时还要看羊毛的生长状态。

（3）体质体型　从羊头型、骨骼、皮肤光泽等方面审查评定羊健康程度。头宽大、骨粗、皮厚，被毛粗是粗糙体质；头窄小，尖嘴，皮薄毛稀是细致型体质；在二者之间是结实健康体质。体格大小表示发育状态。

2. 生产性能测定

（1）绒毛　在梳绒同时对每只羊的产绒量进行登记入册。

（2）羊毛　剪毛同时对每只羊的产毛量进行登记入册。

（3）体重　剪毛后，对每只羊进行空腹称重并登记入册，还要参考羔羊的初生重、断奶重及周岁重，以观察羔羊生长发育状况。

3. 绒毛品质分析

对种公羊和后备公羊每只都要测量绒毛的细度、伸直长度、强伸度、净绒率等绒毛物理性状，为选种提供依据。成年母羊应抽样进行测量分析，以观察羊群绒毛品质改进程度。

（三）系谱审查

观察被选种羊祖先的表型品质，如果祖先品质好的话，后代也应该不错，所以购买种羊时一定要有种羊系谱，以帮助选种。

（四）后裔测定

通过对种公羊后裔性能的分析，考察种羊的遗传力。主要方法用某公羊所配母羊的成绩与女儿成绩比较，观察提高效果。还有就是用各个公羊间儿女成绩比较以观察各个公羊的遗传力（图5-27）。

图5-27　后裔测定

二、选配

选配就是根据母羊个体或等级群的综合特征，为其选择最适合的公羊进行配种，以期获得品质较为优良的后代。选种摸清了羊只的品质，通过选配来巩固选种的效果，所以选配实际上是选种的继续，也是羊育种工作不可缺少的重要环节。

（一）表型选配

表型选配是按公、母羊经济性状的表现型进行选配。选配有同质选配和异质选配两种方法。同质选配是将具有相同优良性状的公母羊进行交配，以达到巩固并发展这些性状的目的。异质选配有两种目的：一种是用具有优良特点的公羊与具有相对缺点的母羊交配，以期生产出改进了母羊缺点的后代；另一种是用各具不同优点的公母羊交配，以期获得能结合两者优点的后代。如用产绒量高的公羊配体格大的母羊，以期获得产绒量高、体格大的后代。

（二）亲缘选配

亲缘选配指血缘关系相近的公母羊之间的交配方式。在育种刚开始的时候，群体里的遗传结构较混杂，需要用近亲交配来加快群体基因型的纯合程度和纯合过程，加速遗传的稳定性。但是近亲交配常伴有生产性能低下，所以需大量淘汰生产力下降的羊。

三、繁育方法

繁育方法有纯种繁育和杂交改良。采用哪种方法应根据育种目标、育种水平、育种进程来决定。

（一）纯种繁育

纯种繁育是指在品种内进行繁殖和选育，即在同一品种范围内通过选种、选配、培育等措施，保持品种纯度，不断提高品种质量的一种方法。可以分为本品种选育和引种纯繁两种方法。

（二）本品种选育

中国有不少山羊地方良种，它们的产品方向和生产性能基本上符合需求，并具有某种特色。可在不改变生产方向和特色的前提下，采用本品种选育较好。优秀公、母羊个体进行选配，不断提高本品种生产性能和品种特色。

1. 引种纯繁

引进绒山羊扩大繁殖，引进优良的地方品种，这对于增加当地绒山羊数量，提高绒山羊生产水平是一个有效的捷径。

2. 杂交育种

杂交可以改善羊的品质和提高羊的生产性能，通过引进高产基因，改造低产品种，将杂交后代中符合育种需要的个体进行横交，利用基因的分离与重组，可获得新的优秀类型，从而育成新品种，提高羊的生产性能。

第六章　羊绒生产技术

山羊绒亦称开士米（Cashmere），是克什米尔（Kashmir）的谐音。最早山羊绒产自喜马拉雅山的克什米尔及其附近地区，因而称为开士米。山羊绒具有纤维细、强度大、光泽好、隔热力强、净绒率高，特别是白色山羊绒还具有弹性好、手感柔软的特点，因此，中国的山羊绒被国际上誉为"白如雪、轻如云、软如丝"的毛纺原料珍品。成为中国的出口创汇的拳头产品，所以大力发展山羊绒生产具有划时代的经济意义。

第一节　山羊绒的结构

绒山羊的被毛由两层纤维构成，内层纤维细而柔软，俗称绒毛。绒毛由皮肤次级毛囊发育生长。外层纤维粗而长，称为粗毛。粗毛由皮肤初级毛囊发育生长。

一、组织结构

山羊绒无髓层，只有鳞片层和皮质层。

（一）鳞片层

山羊鳞片层是由扁平、无核的角质化细胞组成。绒纤维鳞片层紧贴在皮质层上。鳞片层相互重叠不多。绒纤维鳞片层分为3层。最外层为表角质层。中间角层在3层中最厚，但不均匀。最内层为内角质层，内角质层着色最浅。绒片层对绒纤维起保护作用。

（二）皮质层

皮质层位于纤维中央。有些专家认为山羊皮质细胞结构中是由正皮质细胞和副皮质细胞组成，只是由于不同品种绵、山羊毛（绒）纤维皮质结构中皮质细胞种类、数量和排列有所不同，因而形成纺织工艺特性的差异。

二、化学结构

山羊绒主要是由角质蛋白构成，羊绒角蛋白是由氨基酸构成。其分子量大，在净绒干物质中角蛋白质含量占90%以上，其他成分为脂肪、多糖和矿物质等。含硫量是绒纤维的重要化学指标，硫的含量对绒纤维的弹性、强度等物理性能有直接的影响。因此，在绒山羊的饲养中，应注意硫的补充和日粮中适宜的氮硫比例。

三、物理性能

山羊绒的物理性能包括纤维长度、细度、密度、强伸度和净绒率等。其中绒纤维长度、密度和净绒率与产绒量密切相关，而产绒量是绒山羊的主要经济性状。

绒纤维细度、长度、强伸度以及含脂率与纺织工艺特性、绒产品质量有直接关系，特别是细度，是决定绒纤维经济价值的主要因素（图6-1）。

图6-1　测绒毛

第二节　山羊绒的生长机制及等级

绒山羊和绵羊一样，有初级毛囊和次级毛囊。粗毛由初级毛囊发育生长，而绒纤维由次级毛囊发育生长。据报道，初级毛囊在胚胎期45日龄发生，135日龄发育完成；次级毛囊在胚胎期75日龄发生，次级毛囊发育完成直至出生后6月龄。粗毛从身体各部位长出在105日龄，而绒纤维在胚胎120日龄长出体表。次级毛囊发育主要发生在胚胎后期和羔羊期。

一、山羊绒季节的生长规律

1. 山羊的绒纤维生长具有明显的季节性规律。据报道：在自然情况下，每年夏至以后（6月下旬）当日照由长变短时，绒纤维开始萌发生长，随日照长度递减，绒纤维生长速度加快，最大生长期在8～11月，其中9月生长最快。冬至以后（12月下旬），当日照由短变长时，绒纤维生长变慢，至2月基本停止生长。

2. 由于光周期变化和因光周期引起气候变化，从4月上旬开始，山羊由南向北，从平原到山地开始陆续脱绒。光周期的变化由长到短，或由短到长是逐渐变化的，生长在自然状态下的山羊已经适应了光照的这种周期性变化。不同品种以及同一品种不同个体绒纤维开始生长时间虽有不同，但结束生长时间以及最快生长期基本一致。

二、山羊绒的等级

1. 山羊原绒的类型　根据山羊绒的颜色，将山羊绒分为三类。

白绒：山羊绒和山羊毛均为白色。

青绒：山羊绒呈灰白色、青色，山羊毛呈黑白相间色、棕色及其他颜色。

紫绒：山羊绒呈浅紫色或深紫色，山羊毛呈黑色。

2. 山羊原绒的等级　根据山羊绒的含绒率、绒的长度及品质特性，原绒分为两等。

一等：含绒量80%，含短撒毛20%。羊绒细长，色泽光亮，手感柔软，允许含有少量活肤皮。

二等：含绒量50%，含短撒毛50%。羊绒粗短，光泽差，带有严重肤皮和不易分开的薄膜短绒，黑皮绒。

三、无毛绒的等级

中国是世界山羊绒生产和出口大国，原来以出口原绒为主，近些年来转向以出口无毛绒为主。无毛绒的市场价格是原来山羊绒价格的5倍。

中国对分梳山羊绒制定了相关标准。根据分梳山羊绒的天然色泽和品质特点，将分梳山羊绒分为不同的等级，等级标准见表6-1、表6-2。

表6-1　分梳白山羊绒品质指标

等级	指标		
	含粗率（%）	含杂率（%）	平均绒长（厘米）
优级	0.1	0.2	3.8
一级	0.2	0.3	3.6
二级	0.3	0.4	3.4
三级	0.5	0.5	3.1
四级	0.7	0.7	2.8

表6—2　分梳紫山羊绒（含青山羊绒）品质指标

等级	指标		
	含粗率（%）	含杂率（%）	平均绒长（厘米）
优级	0.2	0.3	3.6
一级	0.3	0.5	3.3
二级	0.5	0.6	3.1
三级	0.7	0.7	2.9
四级	1.0	1.0	2.6

四、残次羊绒的识别

1. 癞绒

从患疥、癞羊体上抓下来的绒，绒沾有黄色痂皮，枯燥无拉力。

2. 油抓绒

抓绒时用油过多，使纤维粘在一起，损坏绒质。

3. 虫蚀绒

羊绒遭受虫害，绒纤维被咬断，严重失去使用价值。

4. 霉变绒

因保管不善，羊绒受潮湿、发霉、发热而变质，失去拉力和光泽。

5. 黑皮绒

带有黑肤色的绒，绒纤维短，光泽差，品质低。

第三节　提高产绒量的主要措施及绒毛保存

一、影响产绒量的主要因素

产绒量是绒山羊品种的重要经济指标之一。为了提高产绒量，必须了解影响产绒量的主要因素及掌握提高产绒量的技术措施。

1. 个体差异

不同品种之间的产绒量差异很大，比如辽宁绒山羊的产绒量就较高。在同一品种个体之间的产绒量差异之大是自然选择和人工选择的结果。因此，了解和掌握品种内部产绒量存在着个体差异，对选择高产绒个体，提高产绒量有很大的帮助。

2. 营养条件

羊绒是一种比较复杂的蛋白质化合物，在化学组成上，其主要成分是一种硬化而不易溶解的角朊蛋白质，产绒量的多少与营养条件有直接的关系。羊体内储存的含角朊氨基酸的蛋白质含量越多，就越能促进纤维生长，产绒量就会增加。相反，若饲料供应差，营养水平低，绒毛球营养不足，产绒量则低。因此，加强绒山羊营养水平对提高产绒量和绒的品质具有重要作用。另外，母羊怀孕后期和哺乳期饲养条件差，也会降低产绒量。

3. 年龄

绒山羊在 5 岁以前，体质较好，生理机能旺盛，营养状况好，产绒量较高；到了 5 岁以后，身体逐渐退化，身体各项机能逐渐衰弱，生理机能减退，营养状况较差，产绒量降低。

二、提高产绒量的技术措施

绒山羊的产绒量是受品种和饲养管理条件两大因素影响的。现结合绒山羊管理工作实践，浅谈提高绒山羊产绒量的技术措施。

1. 优良品种的选择

优良品种是产绒量的保证，以产绒量为主要经济现状，选留产绒量高、绒质好的公母羊配种繁殖，其后代就可获得产绒量高的优秀基因型。

（1）种公羊选择　农户饲养绒山羊应力争选择产绒量为 1 000 克左右，羊绒细度在 17 微米以下，绒自然长度在 6.5 厘米左右，体型较大，结构匀称，背腰平直，胸宽而深，毛被整齐光亮，四肢结实，雄性强，睾丸发育良好的公羊做种用。对于入选周岁公羊要重点培育，控制在 18 月龄后配种，防止过早配种影响终身成绩。种公羊在配种期要加强饲养管理，进行补饲能量、蛋白质、维生素、矿物质等饲料，配种任务较重时，每日可补喂5枚鸡蛋。

（2）种母羊选择　应选留产绒量在 350 克以上，体躯结构匀称，体态丰满，后躯宽深，四肢结实，被毛整齐，毛稀疏有光泽，乳房及生殖器官发育良好，雌性强的母羊做种羊。体重要达到成年的 70%，14 月龄即可配种。

2. 本品种选育和杂交改良

对产绒量高的品种进行本品种选育，提高产绒量，低产绒山羊品种可引进外血进行杂交改良，以提高产绒量。中国辽宁绒山羊形成历史悠久，产绒量高、绒纤维长、遗传性稳定和羊体格大，为中国绒山羊的发展做出了重要贡献，目前全国已有17个省市自治区的50多个县引入辽宁绒山羊，在当地进行纯繁或杂交改良当地山羊，促进了绒山羊业的发展。

3. 加强饲养管理

饲养管理条件对产绒量有着直接的影响。饲养管理水平高，营养全价，羊的机能健壮，疾病就少，产绒量就高。反之，营养水平差，产绒量就低。对于妊娠后期和哺乳期的母羊需要营养多，应增加精料的补充，保持良好的膘情，才能提高母羊自身的产绒量。

4. 调整羊群结构

在一般情况下，5岁以上的绒山羊生理机能已开始下降，产绒量也随之降低，应逐渐淘汰老龄羊，同时对壮龄的低产绒山羊也应进行淘汰，提高高产绒羊群的比重，增加群体的生产性能。

5. 做好防疫灭病工作

寄生虫对羊的健康和产绒量危害极大，每年春、秋两季应用除癞灵乳剂对羊进行两次药浴，每次两遍，间隔7天进行一遍，以杀灭体外寄生虫。每年分春、秋两季给羊群投喂虫克星，以杀灭体内寄生虫。剂量为每35千克体重内服10毫克有效剂量。在肝片吸虫流行地区每年10～11月和翌年的1~2月应用硝氯酚等药物定期驱除肝片吸虫。同时要对羊舍定期消毒，搞好环境卫生，定期搞好预防注射，及时治疗常见病，保证羊的身体健康。

6. 适时科学梳绒

山羊绒的生长有其规律性，不同地区、不同品种绒山羊的羊绒生长速度不一样，但生长的停止时间是相同的。

一般在2月底停止生长。到4月下旬绒毛开始脱离皮肤，从前躯到后躯依次脱落。因此，4月下旬至5月上旬必须梳绒。脱绒的规律性是母羊先脱，公羊后脱；成年羊先脱，育成羊后脱；体况好的羊先脱，体弱羊后脱。应选择质量好的梳绒耙子梳绒。正确的梳绒方法是：对要梳绒的羊在12小时之前停止放牧和饮水。梳绒时，先将羊侧卧保定在梳绒台上，梳左侧捆右脚，梳右侧捆左脚，先用稀梳子顺毛方向梳去草屑和污物，再用密梳子从股、腰、胸、肩到颈部依次反复顺毛梳，用力要均匀，不要抓破皮肤，梳满一梳子时取下羊绒，堆放在一边。继续按部位梳，梳完一侧再梳另一侧。

上述6点提高绒山羊产绒量的技术措施相互联系，相互影响，在养羊实践中只有采取综合措施，才能保证羊群多产绒，产好绒，养羊经济效益才会高。

三、绒毛的保存技术

1. 绒毛的存放

羊绒易受细菌、微生物和虫蛾的侵害，造成变质和损坏。羊绒的吸水性强，保存不好，易造成羊绒湿热，为细菌繁殖提供了有利条件而损坏羊绒。因此对羊绒要妥善贮存，以防保存不当而受到损失。

（1）山羊绒应按种类、等级、色泽分别包装，有打包机的要打包，压缩体积，便于保存和运输。打好的包应加上标签，写明产地、包号、种类、等级、颜色等。

（2）羊绒保存的地方应干燥，地面最好是水泥或木板铺成。放置绒包时，不应紧靠墙壁和地面，包与包之间，应留有空隙，保持室内空气畅通。在气候潮湿的地区和季节，要特别留心，发现问题及时处理和解决。

（3）对羊绒不宜长久保存，要及时调运和销售。对羊绒保存要注意防虫，防雨。

2. 消毒、灭虫灭菌方法

绒毛在存放期间一定要定期检查和抽查，一旦发现有虫蛾、潮湿、霉变等现象，要及时防治和补救。

（1）磷化铝熏蒸法　中国西北部地区有一种名叫幕衣蛾的害虫喜食羊绒。当温度适宜时，很容易使其卵发育成幼虫，蛀食羊绒，且速度快。如发现，一般用磷化铝快速熏蒸来灭虫。使用该药时，要对仓库进行密封，灭虫人员要配戴好防毒用具，灭虫时间为7天，晾药时间为7～10天。晾药时要打开仓库及各种通风设施，让其充分通风，因该药毒性大，禁止人、畜靠近仓库。下药量要根据虫害危害程度及仓库大小、货物多少来确定。

（2）甲醛熏蒸法　事先将室内绒袋穿插摆放，紧闭门窗及通风处，灭菌人员要配戴好防毒用具，室内温度不应低于15℃，按每立方米计算，对药比例为：甲醛28毫升、高锰酸钾14克。用瓷盆加入顺序为：先加入福尔马林，再快速加入高锰酸钾混合氧化而蒸发气体。若无高锰酸钾，可用加热法使之蒸发，消毒12小时。然后，从外面打开门窗，充分通风换气数日，使药味消失。此法一般在夏季使用。

附录一　羊的生理指标

一、羊的常规生理指标

（一）羊的体温

山羊的正常体温为平均 39.1℃，范围为 38.5 ~ 39.7℃。健康羊正常体温在一昼夜内略有变动，一般上午偏低，下午偏高，相差 1℃左右。

（二）羊的呼吸

羊正常的呼吸为：羔羊 15 ~ 18 次 / 分，成年羊 12 ~ 15 次 / 分。

（三）羊的脉搏

健康羊的心脏跳动均匀，心音清晰，每分跳动 70 ~ 80 次。

（四）羊的反刍

健康羊饲喂后经过 0.5 ~ 1 小时才出现反刍，第一次反刍的持续时间为平均 40 ~ 50 分钟，然后间歇一段时间再开始第二次反刍。这样一昼夜要进行 6 ~ 8 次反刍。

（五）瘤胃的运动次数

正常的瘤胃运动次数，休息时平均为 1 分钟为 1.8 次，进食时次数增多，平均约 2.8 次，反刍时约 2.3 次。每次瘤胃运动的持续时间为 15 ~ 25 秒。

二、羊的繁殖生理指标

（一）性成熟

羊的性成熟多为 5 ~ 7 月龄，早的 4 ~ 5 月龄，个别早熟品种，3 个多月即发情。

（二）体成熟

母羊多为 1.5 岁左右，公羊 2 岁左右。早熟品种提前。

（三）发情周期

山羊多为 19 ~ 21 天（范围为 18 ~ 24 天）。

（四）发情持续期

山羊多为 39 ~ 40 小时。

（五）排卵时间

发情开始后 12 ～ 30 小时。

（六）卵子排出后保持受精能力的时间

保持受精能力的时间为 15 ～ 24 小时。

（七）精子到达母羊输卵管时间

精子到达母羊输卵管时间为 5 ～ 6 小时。

（八）精子在母羊生殖道存活时间

精子在母羊生殖道存活时间多为 24 ～ 48 小时，最长 72 小时。

（九）最适宜配种时间

羊最适宜的配种时间为排卵前 5 小时左右（开始发情半天内）。

（十）羊的妊娠期

羊的妊娠期平均为 150 天，范围是 145 ～ 154 天。

（十一）哺乳期

羊的哺乳期通常是 3.5 ～ 4 个月，有时根据生产需要和羔羊生长发育快慢可以适当调整。

（十二）产后第一次发情时间

山羊多在产后的 10 ～ 14 天。

附录二　中华人民共和国农业行业标准无公害食品畜禽饮用水水质
NY 5027—2001

1　范围

本标准规定了生产无公害畜禽产品养殖过程中畜禽饮用水水质要求和配套的检测方法。

本标准适用于生产无公害食品的集约化畜禽养殖场、畜禽养殖区和放牧区的畜禽饮用水水质。

2 规范性引用文件

下列文件中的条款通过本标准的引用而成为本标准的条款。凡是注日期的引用文件，其随后所有的修改单（不包括勘误的内容）或修改版均不适用于本标准，然而，鼓励根据本标准达成协议的各方研究是否可使用这些文件的最新版本。凡是不注日期的引用文件，其最新版本适用于本标准。

GB/T 5750 生活饮用水标准检验法

GB/T 6920 水质 pH 值的测定 玻璃电极法

GB/T 7467 水质 六价铬的测定 二苯碳酰二肼分光光度法

GB/T 7468 水质 总汞的测定 冷原子分光光度法

GB/T 7475 水质 铜、锌、铅、镉的测定 原子吸收分光光谱法

GB/T 7480 水质 硝酸盐氮的测定 酚二磺酸分光光度法

GB/T 7483 水质 氟化物的测定 茜素磺酸锆目视分光光度法

GB/T 7485 水质 总砷的测定 二乙基二硫代氨基甲酸银分光光度法

GB/T 7486 水质 氰化物的测定 第一部分：总氰化物的测定

GB/T 7492 水质 六六六和滴滴涕的测定 气相色谱法

GB/T 11896 水质 氯化物的测定 硝酸银滴定法

GB/T 13192 水质 有机磷农药的测定 气相色谱法

GB 14878 食品中百菌清残留量的测定方法

GB/T 17331 食品中有机磷和氨基甲酸酯类农药多种残留的测定

3 术语和定义

下列术语和定义适用于本标准。

3.1 集约化畜禽养殖场 intensive animal production farm

进行集约化经营的养殖场。集约化养殖是指在较小的场地内，投入较多的生产资料和劳动，采用新的工艺与技术措施，进行专业化管理的饲养方式。

3.2 畜禽养殖区 animal production zone

多个畜禽养殖个体集中生产的区域。

3.3 畜禽放牧区 pasturing area

采用放牧的饲养方式，并得到省、部级有关部门认可的牧区。

4 水质要求

4.1 畜禽饮用水水质不应大于表 1 的规定。

4.2 当水源中含有农药时，其浓度不应大于附录 A 的限量。

表1　畜禽饮用水水质标准

项目			标准值	
			畜	禽
感官性状及一般化学指标	色，（°）	≤	色度不超过30°	
	浑浊度，（°）	≤	不超过20°	
	臭和味	≤	不得有异臭、异味	
	肉眼可见物	≤	不得含有	
	总硬度（以CaCO$_3$计），mg/L	≤	1 500	
	pH值	≤	5.5～9	6.4～8.0
	溶解性总固体，mg/L	≤	4 000	2 000
	氯化物（以Cl$^-$计），mg/L	≤	1 000	250
	硫酸盐（以N计），mg/L	≤	500	250
细菌学指标	总大肠菌群，个/100ml	≤	成年畜10，幼畜和禽1	
毒理学指标	氟化物（以F$^-$计），mg/L	≤	2.0	2.0
	氰化物，mg/L	≤	0.2	0.05
	总砷，mg/L	≤	0.2	0.2
	总汞，mg/L	≤	0.01	0.001
	铅，mg/L	≤	0.1	0.1
	铬（六价），mg/L	≤	0.1	0.05
	镉，mg/L	≤	0.05	0.01
	硝酸盐（以N计），mg/L	≤	30	30

5 检验方法

5.1 色：按 GB/T 5750 执行。

5.2 浑浊度：按 GB/T 5750 执行。

5.3 臭和味：按 GB/T 5750 执行。

5.4 肉眼可见物：按 GB/T 5750 执行。

5.5 总硬度（以 CaCO$_3$ 计）：按 GB/T 5750 执行。

5.6 溶解性总固体：按 GB/T 5750 执行。

5.7 硫酸盐（以 N 计）：按 GB/T 5750 执行。

5.8 总大肠菌群：按 GB/T 5750 执行。

5.9 pH 值：按 GB/T 6920 执行。

5.10 铬（六价）：按 GB/T 7467 执行。

5.11 总汞：按 GB/T 7468 执行。

5.12 铅：按 GB/T 7475 执行。

5.13 镉：按 GB/T 7475 执行。

5.14 硝酸盐：按 GB/T 7480 执行。

5.15 氟化物（以 F⁻ 计）：按 GB/T 7483 执行。

5.16 总砷：按 GB/T 7485 执行。

5.17 氰化物：按 GB/T 7486 执行。

5.18 氯化物（以 Cl⁻ 计）：按 GB/T 11896 执行。

附录 A

（规范性附录）

畜禽饮用水中农药限量与检验方法

A.1 当畜禽饮用水中含有农药时，农药含量不能超过表 A.1 中的规定。

表A.1 畜禽饮用水中农药限量指标 （单位：毫克/升）

项目	限值
马拉硫磷	0.25
内吸磷	0.03
甲基对硫磷	0.02
对硫磷	0.003
乐果	0.08
林丹	0.004
百菌清	0.01
甲萘威	0.05
2,4-D	0.1

A.2 畜禽饮用水中农药限量检验方法如下：

A.2.1 马拉硫磷按 GB/T 13192 执行。

A.2.2 内吸磷参照《农药污染物残留分析方法汇编》中的方法执行。

A.2.3 甲基对硫磷按 GB/T 13192 执行。

A.2.4 对硫磷按 GB/T 13192 执行。

A.2.5 乐果按 GB/T 13192 执行。

A.2.6 林丹按 GB/T 7492 执行。

A.2.7 百菌清参照 GB 14878 执行。

A.2.8 甲萘威（西维因）参照 GB/T 17331 执行。

A.2.9 2,4-D 参照《农药分析》中的方法执行。

参考文献

［1］毛杨毅．农户舍饲养羊配套技术．北京：金盾出版社，2002

［2］岳文斌，毛杨毅．现代养羊．北京：中国农业出版社，2000

［3］马月辉，冯维祺．绒山羊高效益饲养技术．北京：金盾出版社，1997

［4］农业实用技术丛书编写委员会．现代绒山羊饲养技术．沈阳：辽宁科学技术出版社，2002

［5］中国羊品种志编写组．中国羊品种志．上海：上海科学技术出版社，1989

［6］山西省家畜家禽品种志和图谱编辑委员会编．山西省家畜家禽品种志．天津：华北师范大学出版社，1984

［7］贾志海．现代养羊生产．北京：中国农业大学出版社，1997

［8］肖西山．健康养羊关键技术．北京：中国农业出版社，2007

［9］白跃宇，张花菊等．养羊．郑州：中原农业出版社，2008

［10］刘国芬．怎样养山羊．北京：金盾出版社，2000

［11］李延春．羊胚胎移植实用技术．北京：金盾出版社，2004